一个用双脚丈量自然的小女孩，

一个用画笔描绘自然的小女孩，

亲近自然，就是到自然界里去放飞孩子的心灵，

因为没有比用自己的感知来体验这个世界更实际的东西了。

就让我们跟随：

《雪儿的自然笔记——孩子眼中的二十四节气》

一起了解二十四节气中的上海吧。

本书谨献给于漪奶奶、谭蒂芸奶奶和其他一直关心爱护我的长辈、老师们以及为实现"美丽中国"而奋斗的广大热爱科普的小朋友!

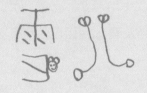

上海出版资金项目
Shanghai Publishing Funds

上海市重点图书

"绿色之旅"丛书

黄雪润　王　荣 编著

雪儿的自然笔记

孩子眼中的二十四节气

上海教育出版社
SHANGHAI EDUCATIONAL
PUBLISHING HOUSE

从实现中华民族伟大复兴和永续发展的全局出发，党的十八大首次把"美丽中国"作为生态文明建设的宏伟目标，把生态文明建设摆上中国特色社会主义五位一体总体布局的战略位置。党的十九大提出，坚持人与自然和谐共生。建设生态文明是中华民族永续发展的千年大计。必须树立和践行绿水青山就是金山银山的理念，坚持节约资源和保护环境的基本国策，像对待生命一样对待生态环境，建设美丽中国，为人民创造良好生产生活环境，为全球生态安全作出贡献。习近平总书记非常重视生态文明建设，如"绿水青山就是金山银山""像保护眼睛一样保护生态环境，像对待生命一样对待生态环境"等。"让山川林木葱郁，让大地遍染绿色，让天空湛蓝清新，让河湖鱼翔浅底，让草原牧歌欢唱……"这是建设"美丽中国"的美好蓝图，也是实现可持续发展的根本要求。

序

社会需要可持续发展，生物多样性是最重要的因素；生物多样性必须得到保护，取决于人类的生态素养；而生态素养的具备和提高，取决于生态文化和生态科学的普及。青少年的生态素养或生物多样性教育将会深刻地影响这代人的生态行为。生态文明时代要求全体公民具有较高的生态素养，生态素养教育是生态文明建设的核心。我国第十三个五年计划是大力推进生态文明建设、全面建成小康社会、实现中华民族伟大复兴的中国梦伟大目标的关键时期。良好的生态环境将是最公平的公共产品，是最普惠的民生福祉。

引导广大科学爱好者树立生态文明意识，提高环保意识、生态意识，形成人人、事事、时时崇尚生态文明的文化氛围。生态科普则是生态文化最好的教育形式，生物多样性更是生态文化最好的教育资源和教育内容。基于此，我们把"绿色之旅"丛书奉献给大家，希望广大科学爱好者能够充分理解并认真传授生态文化理念，让更多的人走进自然、亲近自然，感悟身边的生态科学和生物多样性，从中发现自然之美、生活之美和心灵之美，增强道德判断力。如果广大科学爱好者能把本丛书的理念、方法应用到日常生活中，就会造就一大批生态社区，对提高上海地区的生活环境质量和广大公众的生态素养大有益处。这也是我们最希望看到的。

为了我们的明天，为了我们的未来，在繁荣生态文化的同时提高广大科学爱好者的生态素养，使大家能感恩大自然并积极主动地行动起来。我们希望春风化雨、润物无声，将珍爱自然、崇德向善的行为规范播种在每位科学爱好者的心田，使其慢慢发芽、长叶、开花、结果。

丛书编委会

小伙伴们，看完这本书后，

你们是不是知道了很多知识？

学到了很多的古诗？

还看到了很多的画？

希望你们玩得开心学得开心哦！

谢谢你们读我的书！

雪儿的序

雪儿想出一本书，一本自己写的书。

这个心愿从何而来呢？

2017年11月4日，我的新书《老师的一半是妈妈——我家那个爱诗的小孩》在上海书城举行了首发式。那天活动结束后，雪儿就问我："妈妈，我什么时候才能出版自己写的书？我的新书发行时，我邀请哪些人参加我新书的首发活动呢？邀请大朋友还是小朋友？"我看着孩子天真的眼睛，不禁莞尔，安慰她说："很快的，放心吧！"

这并不是随便哄哄她的话，在2017年8月，上海教育出版社徐建飞编辑因看到雪儿平时用画笔把大自然的美好记录下来的那些画还不错，同时又积累了许多关于二十四节气和古诗词的知识，于是就约我们母女共同出版一本关于孩子眼里二十四节气的科普读物。说起来是俩人合著，其实妈妈只是做了点整理工作而已：图画是雪儿画的，妈妈插不上手，也没有本事指导；照片是摄影师朋友在每个节气邀请雪儿外出游玩时，帮她拍摄的；雪儿的节气生活日记，其实是妈妈结合平时记录下来的"小宝语录"整理而成的……所以《雪儿的自然笔记——孩子眼中的二十四节气》理所当然是雪儿自己写的。

曾经想过，当《雪儿的自然笔记——孩子眼中的二十四节气》面世时，可能会有人质疑，一个五六岁孩

妈妈的序

子怎么可能自己写书？我想上述一番话可以解释了。

估计有人还会问，为什么要出这样一本书呢？是为了炫耀您家孩子的出色吗？绝非如此。

其实这本书和我的前一本书一样，都是无心插柳的结果。我在前一本书中写道，女儿是上天赐给我最好的礼物，因为害怕生命无常，我就想记录下陪伴女儿的点点滴滴，于是从女儿两岁说第一句话开始，就记录下一条条"小宝语录"，迄今已近两千条。没想到这些鲜活的案例为我日后研究学校教育和家庭教育提供了依据，我结合十八年的学校教育经验，再结合自己的家庭教育得失，从老师和妈妈两个视角思考学校教育和家庭教育的异同，写了一系列文章，发表在《教师月刊》的专栏中，并结集出版。

这本《雪儿的自然笔记——孩子眼中的二十四节气》亦是如此。

为了让孩子有个快乐的童年，为了践行我的"在玩中学"的教育理念，我没有给女儿报名辅导班，没有让她在入学前提前学语、数、外，而是把所有的周末时间用于陪伴她去大自然玩耍，我们的足迹几乎遍及上海的东南西北。在这里要感谢所有雪儿的摄影师朋友，因为这些美丽好玩的地方，几乎都是他们寻找的，而且他们还用饱含着爱的镜头，拍摄雪儿的足迹，记录雪儿成长的点点滴滴。

雪儿知道的有关二十四节气的知识，是从大自然中学来的——她用双脚丈量了上海的春、夏、秋、冬；她用眼睛看到了雨水、白露、霜降和大雪；她用鼻子闻到了樱花、玉兰、荷花和薰衣草；她用小手触摸了蚕宝宝、蟋蟀、落叶和雪花……而她也就是在蝉鸣蛙叫声中学会了许多古诗词，没有死板的说教，没有系统的教案，她就在"玩"中学习了鲜活的知识。

　　《老师的一半是妈妈——我家那个爱诗的小孩》出版后，很多家长问我，怎样教孩子学古诗词？有什么方法可以传授给他们？我想，出版一本书，不仅仅是记录自己孩子的成长，希望能给更多的家庭以借鉴、启发和指导，于是我试图把《雪儿的自然笔记——孩子眼中的二十四节气》打造成一本"使用手册"。它的实用性体现在以下几方面：

　　首先，这是从孩子眼中看到的二十四节气。孩子的绘画，孩子的故事，一定更加适合孩子来阅读。因为，孩子的世界，孩子更懂。

　　其次，许多家长也想带孩子去大自然中体验，却苦于找不到方向。在上海这个国际性大都市，什么节气去哪里玩更合适？什么节气适合玩什么？甚至什么节气适合吃什么？本书中都有详尽的攻略！

　　甚至，家长还可以把本书作为亲子摄影指南。记得前一本书出版后，书里那些活泼自然又温馨的亲子照就

妈妈的序

吸引了家长的目光，还有人按照这些照片去摆 POSE 学摄影。同样，本书中也有大量专业摄影师精心拍摄的美照，家长也可以带上宝贝去这些景点拍个一二，留下成长中珍贵的纪念。

2018 年惊蛰节气，新闻晨报在顾村公园举办植树节活动，要向上海市民和致力于环保、公益的企业传递这样的理念：播种绿色、传承经典。很荣幸，我们母女也应邀参加，雪儿现场诵唱了《春江花月夜》，还认养了一棵樱花树。她端端正正地在认养牌上写下自己的心愿，并且说下回再来看这棵树的时候要带上小水壶，给它浇水。

是呀！一棵小树的成长离不开阳光、土壤和水分，一个人的成长也离不开家庭的呵护、学校的培育和社会的关爱。

雪儿想出一本书，一本自己写的书。

她的愿望实现了，所有人对她的爱成全了这棵树。

她要感谢所有爱她关心她的人。她要感谢妈妈精心的记录，她要感谢每一位摄影师朋友爱意浓浓的拍摄，她要感谢绘画老师悉心的指导，她要感谢上海教育出版社的大力支持，她要感谢徐建飞老师向她邀稿，她要感谢于漪奶奶对书稿提出的建设性意见……

一棵小树得到了成全。

愿更多的小树在阳光、土壤和雨露中茁壮成长。

雪儿的自然笔记

二十四节气——孩子眼中的

目录

雪儿的自然笔记

——孩子眼中的二十四节气

立春

　　立春是农历二十四节气中的第一个节气，在每年公历2月3日—5日开始。"立"就是"开始"的意思，我国把立春作为春季的开始。"阳和起蛰，品物皆春"，过了立春，万物复苏生机勃勃，一年四季从此开始了。

　　立春后，日照、阵雨开始增多，气温开始慢慢上升，大地开始解冻，河里的冰开始融化，鱼儿开始到水面上游动，蛰居的动物也慢慢苏醒。

雪儿的节气生活

　　立春是二十四节气中的第一个节气，也是我最喜欢的节气。可能有很多小朋友跟我一样，立春一到，就要过年啦！"过新年，人人笑，见面说声新年好。新年好，快乐的新年多热闹，无论男女和老少，穿新衣，戴新帽，大家乐，乐陶陶，大家欢迎新年到"。虽然我过了六个春节，而且之前的春节都记不得了，但我还是很喜欢过春节，原因有很多呀！比如说可以拿压岁钱，可以跟爸爸妈妈去亲戚朋友家拜年，可以看外公写春联，可以帮妈妈贴"福"字，可以穿新衣服……当然最最重要的是，可以吃到很多好吃的！外婆烧的红烧肉，外公炸的肉圆子，爷爷烧的烤麸，奶奶炒的虾仁，还有年糕啊，春卷呀，八宝饭呀……统统都是我爱吃的！

　　过年时，妈妈对我的要求会很松，平时不可以吃的零食，如糖啊，这个时候就可以随便吃，而且不论到谁家拜年，每家的桌上都摆着很

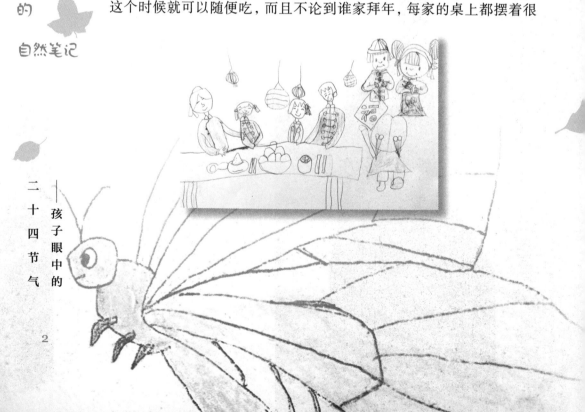

多好吃的，外公外婆爷爷奶奶叔叔阿姨都会热情地招呼我吃东西。这个时候，小孩子可以疯玩的，大人的脸上都堆满了笑容，平时的那些规矩，过年时，似乎统统都被抛在脑后了。大人熬夜看春节联欢晚会，小孩子也可以晚睡呢！大人早上睡懒觉，小孩子也可以赖床不起来！大人拿着手机抢红包，小孩子也可以趁机玩一会儿手机……反正嘛，过春节大家都变成最最快乐的人啦！

　　我有很多同学过年要回老家，我不知道什么叫回老家？为什么要回老家？妈妈说，因为我的老家就在上海，长辈也在上海，所以不用回老家，但是老家在其他地方的人，就要在春节赶回家，一起团圆，一起吃年夜饭。因为，中国人的春节，最重要的是除夕夜的那一顿年夜饭，要全家人团聚在一起，开开心心地吃饭，乐呵呵地一起包饺子，共同庆贺新春的到来。

妈妈的话

很多传统文化，如节日、诗歌等，对孩童而言，更多的变成假期、吃喝、负担。传统文化的传承不可能仅依靠教育来完成，更多的是要依靠社会引导、家庭教育来实现。作为父母，在陪伴孩子成长的漫长过程中，要尽量在日常点滴中引导孩子认知传统，汲取文化，这既是父母给孩子的最好精神礼物，也是与孩子共同提高的最佳方式。随着孩子一点点长大，伴随其对周边事物的认知能力从外延到内涵的不断提高和丰富，底蕴在慢慢积累，自信在不断增强，作为父母，那种愉悦感和成就感溢满心间。

【立春三候】

一候东风解冻

东风送暖，大地开始解冻。

二候蛰虫始振

立春五日后，蛰居的虫类慢慢在洞中苏醒。

三候鱼陟负冰

再过五日，河里的冰开始融化，鱼开始在水面上游动，此时水面上还有碎冰片，好像被鱼背着一样浮在水面。

1. 写春联。春联，又叫"春贴""门对""对联"，它以对仗工整、简洁精巧的文字描绘美好的形象，抒发美好的愿望，是我国特有的文学形式。春节时，爸爸妈妈可以跟孩子一起写春联，写"福"字，贴在门窗上，辞旧迎新，增加喜庆的节日气氛。

2. 包饺子。包饺子、吃饺子，已经成为大多数尤其是北方家庭欢度除夕的一项重要活动。吃饺子是人们用来表达在辞旧迎新之际祈求愿望的特有方式。饺子的谐音"交子"，即新年与旧年相交的时刻。过春节吃饺子意味着大吉大利。另外饺子形状像元宝，包饺子意味着包住福运。

3. 拜大年。大年初一，我国民间有拜年的习俗。这一天，人们早早起床，穿上最漂亮的衣服，打扮得整整齐齐。拜年是人们辞旧迎新、相互表达美好祝愿的一种方式。

立 春

人 日 立 春

（唐）卢 仝

春度春归无限春，今朝方始觉成人。
从今克己应犹及，颜与梅花俱自新。

腊里立春蜂蝶辈出

（宋）杨万里

嫩日催青出冻荄，小风吹白落疏梅。
残冬未放春交割，早有黄蜂紫蝶来。

京中正月七日立春

（唐）罗　隐

一二三四五六七，万木生芽是今日。
远天归雁拂云飞，近水游鱼迸冰出。

雪儿
的
自然笔记

雨水

雨水是农历二十四节气中的第二个节气，在每年公历 2 月 19 日前后。从这天起，气温回升、冰雪融化、降水增多，所以取名为雨水。雨水和谷雨、小雪、大雪一样，都是反映降水现象的节气。雨水过后，农田里的油菜、小麦就开始发绿、生长了，这时候有雨水降下可是至关重要哦，所以古人有"春雨贵如油"的说法。

雪儿的节气生活

"好雨知时节，当春乃发生……"今天妈妈教我读了一首新的古诗《春夜喜雨》。这几天一直下着毛毛细雨，我问妈妈："为什么这几天总是下雨？"妈妈回答："因为到了雨水的节气了呀！"妈妈说，雨水的节气就代表冬季干旱少雨的天气已经结束啦，春姑娘带来了淅淅沥沥的雨水，万物开始萌发。我说，不喜欢下雨天。妈妈说，可不要这么想，春雨贵如油呢！有了春雨的滋润，庄稼才能尽情地喝饱水，舒展身体，快乐地生长呀！哦！原来是这样啊，我明白啦！

雪儿的自然笔记

——孩子眼中的二十四节气

8

妈妈带我去庄稼地里转了转，虽然撑着伞，但是我还是被细雨淋得湿漉漉的，脚下踩着泥泞的土地，深一脚浅一脚，我很兴奋呀！妈妈告诉我这是青菜，那是萝卜，这是莴苣，那是大蒜……

池塘里有几只鸭子在戏水，于是妈妈教了我一首新诗《惠崇春江晚景》："竹外桃花三两枝，春江水暖鸭先知……"

雨水这个节气似乎还跟元宵节联系在一起。我很喜欢过元宵节，爸爸妈妈爷爷奶奶外公外婆叔叔阿姨，大家一起去古猗园赏梅花看花灯，这是多么欢乐的时刻呀！妈妈说以前教我读的那首《青玉案·元夕》就是描绘元宵节赏花灯的情形呢。

古猗园的梅花开得正好，红梅、蜡梅……美丽的梅花在初春的寒风中竞相开放，一阵阵梅香沁人心脾。今年的花灯也换了新花样，是以《三字经》为主题，里面有很多小故事，我们一边赏梅一边看花灯，一大家子其乐融融。

我的好朋友，摄影师黄婕还邀我们一起去奉贤海湾森林公园，那里有十里梅庄，可以把梅花赏个够，不过很多梅花开始凋谢了，跟上一次去古猗园看梅花相比，梅花没有那么茂盛了。妈妈说，每一种花都有它的花期，花开花谢都要顺应大自然的规律。

妈妈的话

　　大自然是多姿的，大自然是美好的。孩童的心灵是那么纯净，孩童的眼神是那么清明，一如大自然的多姿与美好，亦如大自然的灵动与和谐。亚里士多德曾经说过，大自然的每一个领域都是美妙绝伦的。在孩子还小，课业负担还不那么沉重时，应该尽量让他们到大自然中去亲近自然，放飞心灵，家长做好陪伴和引导，让他们在多姿的自然里学会热爱生活，在美妙的自然里体会美好，在各种自然变化中感受生命的意义。

小知识

【雨水三候】

一候獭祭鱼

冰河开，饿了一冬的水獭开始捕鱼了。

二候鸿雁来

大雁开始从南方飞回北方。

三候草木萌动

在"润物细无声"的春雨中，草木开始抽出嫩芽。

小活动

1. 吃元宵。元宵节吃元宵是我国一个古老的传统节日习俗。北方"滚"元宵，南方"包"汤圆，爸爸妈妈可以跟孩子一起"滚"元宵，"包"汤圆，一起感受节日的气氛。

2. 赏花灯。元宵节，民间有挂灯、打灯、观灯的习俗，所以又称为灯节。元宵之夜，大街小巷张灯结彩，人们赏灯，猜灯谜，吃元宵，把从除夕开始延续的庆祝活动推向又一个高潮。爸爸妈妈可以带孩子去城隍庙、古猗园，赏灯、猜灯谜，欢欢喜喜过元宵。

3. 赏春梅。梅花是在早春开放的，也叫春梅。有红、白、黄、绿等多种颜色。上海很多公园如古猗园、奉贤海湾森林公园，就有各色梅花，爸爸妈妈可以带上孩子去观赏哦！

古诗词

春 夜 喜 雨

（唐）杜 甫

好雨知时节，当春乃发生。

随风潜入夜，润物细无声。

野径云俱黑，江船火独明。

晓看红湿处，花重锦官城。

初 春 小 雨

（唐）韩 愈

雪儿
的
自然笔记

天街小雨润如酥，草色遥看近却无。

最是一年春好处，绝胜烟柳满皇都。

青玉案·元夕

（宋）辛弃疾

东风夜放花千树。更吹落、星如雨。宝马雕车香满路。凤
箫声动，玉壶光转，一夜鱼龙舞。

蛾儿雪柳黄金缕。笑语盈盈暗香去。众里寻他千百度。蓦
然回首，那人却在，灯火阑珊处。

二
十
四
节
气

孩
子
眼
中
的

惊蛰

　　惊蛰是农历二十四节气中的第三个节气，在每年公历3月5日至7日开始。从这天起，天气渐渐转暖，春雷会把还在冬眠的动物唤醒，我国大部分地区开始每年的春耕，我国农村中有"春雷响，万物长"的说法。

雪儿的节气生活

　　记得前几天妈妈说，已经是雨水节气了，春天来了。我将信将疑："妈妈，春天真的来了吗？还没有打春雷呢，怎么春天就来了呢？"妈妈奇怪地问："你怎么知道打春雷后春天才会来？"我回答："打春雷是把冬眠的小动物叫醒啊……"我一直认为，小动物还没有醒来，真正的春天就没来，否则，谁陪春姑娘玩呢？

　　说春雷春雷到，惊蛰的前一天果然刮起大风下起大雨，一时间电闪雷鸣，好不热闹！小动物肯定都被叫醒了吧。

　　阳春三月，油菜花开得最美了，金灿灿的一片花海。犹如到了人间仙境，我和妈妈在油菜花田里徜徉，呼吸着弥漫着清香的空气，心旷神怡，流连忘返啊！我们在油菜花田里还看到母鸡妈妈带着一群小鸡散步，还有一只骄傲的大公鸡！回到家我就用画笔画了下来，一幅是神气的大公鸡，另一幅是母鸡妈妈和小鸡。妈妈好奇地问我："三只鸡为啥颠来倒去的？"我说："鸡妈妈飞来给小鸡抓了一条虫，有一只小鸡在吃碎青菜，另一只小鸡在看蝴蝶飞。"大人看不懂小孩的画，因为大人没有想象力。

　　植树节那天，我和爸爸妈妈还来到顾村公园，认领了一棵樱花树，我在认领牌上认认真真地写下"保护树木"的寄语，下次来看小树苗时，我要带上小水壶，为它浇水。

妈妈的话

　　这不由让我想起曾经带雪儿去看莫奈的画展，她对莫奈画作的描述，以及她后来绘画的风格，完全不是我所能理解的。作为大人，总会自觉或不自觉地用自己的视角来看待和判断孩子的行为，然后用成人的世界观、价值观来要求孩子、影响孩子。这本身并没有对错，但如果我们肯俯下身子，尝试从他们的视角去观察，去倾听他们那幼稚但"天马行空"的观点和理解，并予以鼓励和引导，会让孩子的想象力和创造力更好地发挥。

【惊蛰三候】

一候桃始华

桃花的花芽在严冬时蛰伏，在惊蛰之际开花。阳和发生，自此渐盛。

二候鸧鹒鸣

鸧鹒，即黄鹂，黄鹂鸣叫，动物开始求偶。

三候鹰化为鸠

鹰，鸷鸟也。此时鹰化为鸠，至秋则鸠复化为鹰。有人认为，鹰每年二、三月飞返北方繁殖，已经不见迹影。只有斑鸠飞出来，于是古人以为春天的斑鸠是由秋天的老鹰变化出来的。

二十四节气——孩子眼中的

雪儿的自然笔记

1. 吃梨。在惊蛰节气中气候比较干燥，很容易使人口干舌燥，感冒咳嗽，所以民间有惊蛰吃梨的习俗。

2. 植树。三月惊雷过后，"植树节"踏歌而来了。爸爸妈妈可以带着孩子去认养小树苗，为春天增加一抹新绿，为上海的环境贡献自己的力量。

3. 赏早樱。微雨众卉新，一雷惊蛰始。惊蛰过后，绵绵春雨连日而来，使空气变得非常清新。早樱也在争相开放。惊蛰，唤醒了春天的梦，迎来了繁花似锦的季节。爸爸妈妈赶快趁着风和日丽带孩子出门赏早樱，不要辜负了好时光。上海北部顾村公园中满园的樱花是非常出名的。

惊蛰

观　田　家

（唐）韦应物

微雨众卉新，一雷惊蛰始。

田家几日闲，耕种从此起。

丁壮俱在野，场圃亦就理。

归来景常晏，饮犊西涧水。

饥劬不自苦，膏泽且为喜。

仓廪无宿储，徭役犹未已。

方惭不耕者，禄食出闾里。

惊 蛰 日 雷

（宋）仇　远

坤宫半夜一声雷，蛰户花房晓已开。

野阔风高吹烛灭，电明雨急打窗来。

顿然草木精神别，自是寒暄气候催。

唯有石龟并木雁，守株不动任春回。

闻　雷

（唐）白居易

瘴地风霜早，温天气候催。

穷冬不见雪，正月已闻雷。

震蛰虫蛇出，惊枯草木开。

空余客方寸，依旧似寒灰。

雪儿
的
自然笔记

二
十
四
节
气

——
孩
子
眼
中
的

春分

　　春分是农历二十四节气中的第四个节气，在每年公历 3 月 20 日至 22 日之间开始。这天昼夜长短平均，是春季九十天的中点，所以叫"春分"，古时又称为"日中""日夜分""仲春之月"。

　　春分也是节日和祭祀庆典，古代帝王有春天祭日，秋天祭月的礼制。

　　春分时需要注意"春捂"，"二月休把棉衣撇，三月还有梨花雪"说的就是"春捂"。这个季节，大家要注意头和脚的保暖，这样可以避免感冒呀！

雪儿的节气生活

　　晚饭后，我跟妈妈聊天："妈妈，你给同学上课都讲些什么呢？"妈妈笑着回答："我今天讲了《春夜喜雨》和《钱塘湖春行》，你想听吗？我也给你讲讲？"我高兴地点点头，妈妈翻开书开始讲"好雨知时节，当春乃发生""孤山寺北贾亭西，水面初平云脚低"……我听得津津有味，春天真得太美了！有那么多诗歌赞颂春天的美丽啊！

记得妈妈教过我一首朱熹写的《春日》："胜日寻芳泗水滨，无边光景一时新。等闲识得东风面，万紫千红总是春。"一开始我只能记住这四句诗，但没有什么感觉。周末在小花园里看到盛开的山茶花和满树的玉兰花，我突然明白了——哦！这就是"万紫千红总是春"啊！

春天是万物生长的季节，花儿争芳斗艳，鸟儿高声欢唱，小朋友都出来活动了，有的跳绳，有的踢球，有的滑滑轮……我要赶紧拿画笔把这美丽的春天画下来！

春分

妈妈的话

其实每个孩子在早期，对外部世界都充满了好奇，充满了探知学习的欲望。作为家长——孩子人生的第一任导师，合理满足孩子对未知的好奇和探知，让他们始终保持这种学习探究的热情，对孩子今后的发展至关重要。从对雪儿的陪伴引导过程来看，家长对孩子的教育，尤其是早期教育应该努力做到平等、鼓励、耐心、包容八个字。

【春分三候】

一候元鸟至
春分日后，燕子便从南方飞来了。

二候雷乃发声
下雨时，天空就要打雷了。

三候始电
天空打雷时，会发出闪电。

1. 踏青。"春分到，百花俏，春色满园春光好。"此时风和日丽，万象更新，最适合抛开工作的压力，逃离都市里的钢筋水泥，到山清水秀的地方去放飞心情。

2. 放风筝。"儿童散学归来早，忙趁东风放纸鸢。"爸爸妈妈可以暂时摆脱电脑与手机的束缚，带着孩子，融入春风中，一起放放风筝，放松一下心情，还可以给孩子讲讲风筝的知识啊！风筝有很多叫法，风铃、纸鸢、木鸢等，最初的风筝常用于测量信号、测查天空风向，同时也有放"晦气"一说。

3. 竖蛋。"春分到，蛋儿俏"，春分这一天最好玩的莫过于"竖鸡蛋"游戏：选一只光滑匀称、刚生下四五天的鸡蛋，轻手轻脚地在桌面上把它竖起来，以此来庆祝春天的到来。据说，这一天最容易把鸡蛋竖起来，其中还有科学道理。据专家介绍，春分是南北半球昼夜均等的日子，呈23.5度倾斜的地球地轴与地球绕太阳公转的轨道平面刚好处于一种力的相对平衡状态，非常有利于把蛋竖起来。

春分

古诗词

春 日 田 家

（清）宋 琬

野田黄雀自为群，山叟相过话旧闻。
夜半饭牛呼妇起，明朝种树是春分。

春 分 日

（唐）徐 铉

仲春初四月，春色正中分。
绿野徘徊月，晴天断续云。
燕飞犹个个，花落已纷纷。
思妇高楼晚，歌声不可闻。

村 居

（清）高 鼎

草长莺飞二月天，拂堤杨柳醉春烟。
儿童散学归来早，忙趁东风放纸鸢。

清明

清明是农历二十四节气中的第五个节气，在每年公历4月4日至6日之间开始。清明节又叫踏青节，也就是冬至后的第108天。清明节既是二十四节气之一，也是我国最重要的祭祀节日之一，是祭祖和扫墓的日子。清明节大约始于周代，距今已有二千五百多年历史。扫墓祭祖、踏青郊游是清明节的基本主题。

清明一到，气温升高，正是春耕的大好时节，所以有"清明前后，种瓜点豆"之说。

雪儿的节气生活

　　妈妈在和爸爸商量周末去扫墓的事，我凑过去问："扫墓是什么意思？"妈妈解释道："扫墓就是纪念祖先，哀悼去世的亲人，因为清明节快到了。""哦，清明我知道的，'清明时节雨纷纷，路上行人欲断魂。借问酒家何处有？牧童遥指杏花村。'"我摇头晃脑地读着古诗，妈妈也被我逗乐了，说："清明也是踏青的好时节，我们周末就去扫墓郊游吧！"

雪儿
的
自然笔记

二十四节气 ——孩子眼中的

26

郊外的风景真是旖旎迷人，庄稼地像一块块深绿浅绿的色块，草地上，盛开着各种不知名的野花，红的紫的，在春风中跳舞。近处是一片池塘，池塘边是一棵柳树，柳条都抽出了嫩绿的芽儿，一阵清风拂过，柳条随风摆动跳起了优美的舞蹈，我激动地说："妈妈，看，碧玉妆成一树高，万条垂下绿丝绦……"妈妈表扬我能够"学以致用"啦！

妈妈的话

　　学以致用。如果孩子发现，他所学的东西能够有所用，这会让孩子有极大的成就感，也会让孩子有努力学习的动力。尤其重要的是，这能让他们在学习中养成思考如何使用所学知识的习惯，使孩子在学习时不会太枯燥，以致丧失学习兴趣。家长在孩子表现出把所学知识用于生活实践时，一定要大力鼓励，最好能参与其中，这一点，比我们日常再多的说教都管用。

【清明三候】

一候桐始华
此时桐树开始开花。

二候田鼠化为鴽
田鼠因烈阳之气渐盛而躲回洞穴，喜爱阳气的鴽鸟开始出来活动。

三候虹始见
虹为阴阳交会之气，纯阴纯阳则无，若云薄漏日，日穿雨影，则虹见。

1. 纪念祖先。清明变成纪念祖先的节日，与寒食节有关。寒食节是中国古代较早的节日，传说是在春秋时期为纪念晋国的忠义之臣介子推而设立的。

2. 吃青团。清明吃青团这种风俗可追溯到两千多年前的周朝。据《周礼》记载，当时有"仲春以木铎循火禁于国中"的法规，于是百姓熄炊，"寒食三日"。古代寒食节的传统食品有糯米酪、麦酪、杏仁酪扬，这些食品都可预前制成，供寒日节充饥，不必举火为炊。现在，青团有的用青艾，有的以雀麦草汁和糯米粉捣制，再以豆沙为馅而成，流传百余年。人们用它扫墓祭祖，更多的是应令尝新，青团作为祭祀的功能日益淡化。

3. 郊游踏青。清明节还吸收了另外一个较早出现的节日——上巳节的内容。上巳节古时在农历三月初三日举行，主要风俗是踏青、祓禊（临河洗浴，以祈福消灾），反映了人们经过一个沉闷的冬天后急需精神调整的心理需要。大约从唐朝开始，人们在清明扫墓的同时，也伴随踏青游乐活动。由于清明上坟都要到郊外，在哀悼祖先之余，顺便在明媚的春光里骋足青青原野，也算是节哀自重转换心情的一种调剂方式吧。因此，清明节也称为踏青节。

古诗词

清　明

（唐）杜　牧

清明时节雨纷纷，路上行人欲断魂。
借问酒家何处有？牧童遥指杏花村。

寒　食

（唐）韩　翃

春城无处不飞花，寒食东风御柳斜。
日暮汉宫传蜡烛，轻烟散入五侯家。

咏　柳

（唐）贺知章

碧玉妆成一树高，万条垂下绿丝绦。
不知细叶谁裁出，二月春风似剪刀。

谷雨

谷雨是农历二十四节气中的第六个节气，在每年公历4月19日至21日之间开始。谷雨，源自古人"雨生百谷"之说。"清明断雪，谷雨断霜"。谷雨节气的到来也意味着寒冷天气基本结束，气温不断回升，非常有利于谷类农作物的生长。

雪儿的节气生活

"雪儿，你过来看看，蚕宝宝又长大了一点啦！"那是妈妈在喂蚕，她兴奋地叫着我。可是我还是有点害怕呢！看着蚕宝宝一开始像蚂蚁般大小，一点点长大，我又兴奋又害怕。妈妈很喜欢养蚕，于是爷爷奶奶和爸爸都一起参与养蚕活动，今年妈妈也要我一起来养蚕，我激动地答应了。蚕宝宝刚从壳里孵出来时，真像小黑蚂蚁。蚕宝宝没有从壳里出来前，壳是黑色的，等小蚕宝宝咬破壳从里面出来后，黑色的蚕壳就变成白色。我用棉签小心翼翼地把一条条蚕宝宝放在嫩嫩的桑叶上，刚出生的蚕宝宝只能吃最嫩的嫩叶，这个时候，我就跟着爸爸去采桑树的嫩叶回来喂它们。看着它们把桑叶吃出一个个小洞，真的好有趣！

没几天，蚕宝宝长大了一点，颜色也变淡了，变成了灰褐色，它们的身后还留下一点点奇怪的东西，不像它们排出的粪便。妈妈告诉我，

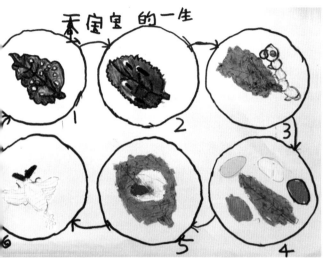

这是蚕宝宝蜕下来的皮。蚕宝宝的一生分为卵、幼虫、蛹、蛾四个阶段，在幼虫时期会蜕四次皮。在这一段时间内，蚕宝宝每蜕一次皮就长大一龄，身体就会长大一点，而且是越长越大，越长越粗，越长越白。等蜕了四次皮，就成了五龄蚕，那时蚕宝宝吃了几天桑叶后就会吐丝结茧。听完妈妈的讲解，我有点明白了。可是蚕宝宝结了茧有什么用呢？我又有了疑问。妈妈说，蚕宝宝结的茧，可用于制作丝绸布料和衣服，不仅如此，蚕茧还有很高的药用价值呢。

哇！蚕宝宝对人类的贡献真大啊！我越来越喜爱蚕宝宝了，心里的害怕也打消了。我敢用手把蚕宝宝轻轻地拿起来，再放在手心里，看着它们昂起头，仿佛在跟我打招呼呢！在我的精心照料下，蚕宝宝长得白白胖胖的。我现在就等着它们吐丝结茧啦！

妈妈的话

现在的孩子，说他们幸福，他们接触的是现代化产品和网络世界。说他们不幸福，他们越来越孤单封闭，不是在与人打交道，而是在虚拟世界中长大。接触生活，体悟自然，反而成为当下教育尤其是早教中需要特别提出的重要内容。家长应在家庭教育中，更多加入自然、劳动等元素，让孩子更好地提高观察能力、生活能力，更加全面开放地成长。

【谷雨三候】

一候萍始生
谷雨后降雨量增多，浮萍开始生长。
二候鸣鸠拂其羽
布谷鸟开始提醒人们播种了。
三候戴胜降于桑
桑树上开始见到戴胜鸟。

小活动

1．采茶。爸爸妈妈和孩子一起走进茶园，认识自然，告诉孩子有关茶的历史、种类、种植和特点，了解茶的制作流程，让孩子更加了解茶文化。带着孩子在幽香茶海之中，背着竹篓，采着茶，听着鸟叫，在大自然中采摘茶叶、制茶、品茶。上海茶园不多，佘山附近有一个，但江浙一带有很多，全家周末可以一起自驾游去采茶。

2．吃春笋。三月底四月初，正是吃笋的好季节。无论是油焖笋、笋烧肉还是腌笃鲜，笋还真是荤烧素炒样样适宜，谁叫上海人的美食观是"鲜"字当头呢。爸爸妈妈要注意，春笋虽鲜，但不能贪多哦!

3．养蚕宝宝。孩子养蚕宝宝，见证从蚕卵到蚕宝宝、结茧、变成飞蛾的一生经历，可以培养孩子对小动物的爱心，是一堂鲜活的生物课。孩子养蚕宝宝其实也是父母给孩子进行生命教育的好机会，告诉孩子每一个生命的过程都必然经历生和死，但生命又如同蚕宝宝一样可以获得提升。

谷雨

古诗词

七 言 诗

（清）郑板桥

不风不雨正晴和，翠竹亭亭好节柯。
最爱晚凉佳客至，一壶新茗泡松萝。
几枝新叶萧萧竹，数笔横皴淡淡山。
正好清明连谷雨，一杯香茗坐其间。

阳羡杂咏十九首·茗坡

（唐）陆希声

雪儿
的
自然笔记

二月山家谷雨天，半坡芳茗露华鲜。
春醒酒病兼消渴，惜取新芽旋摘煎。

蝶恋花·春涨一篙添水面

（宋）范成大

春涨一篙添水面。芳草鹅儿，绿满微风岸。
画舫夷犹湾百转。横塘塔近依前远。
江国多寒农事晚。村北村南，谷雨才耕遍。
秀麦连冈桑叶贱。看看尝面收新茧。

二
十
四
节
气

——
孩
子
眼
中
的

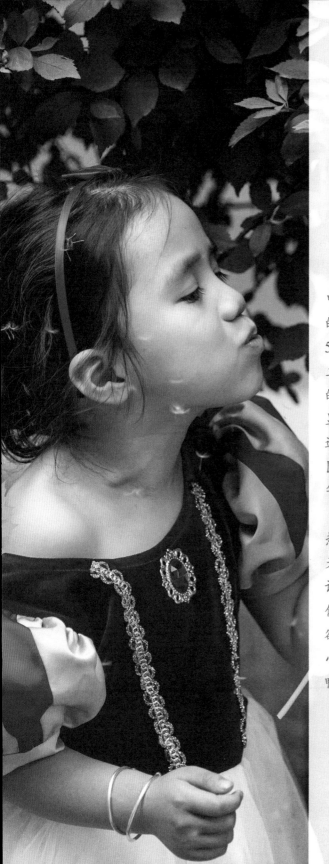

立夏

立夏是农历二十四节气中的第 7 个节气，也是夏季的第一个节气，在每年公历 5 月 7 日至 9 日之间开始。立夏表示告别春天，是夏天的开始。立夏时节，温度明显升高，雷雨增多，农作物进入旺季生长。我国江南地区进入雨季，阴雨连绵的天气多了起来。

俗话说："立夏吃了蛋，热天不疰夏。"相传从立夏这天起，天气渐渐炎热起来，许多人特别是小孩子会有身体疲劳四肢无力的感觉，食欲减退逐渐消瘦，称为疰夏。小孩子的胸前挂上煮熟的鸡鸭鹅蛋，可避免疰夏。

雪儿的节气生活

又到周末啦！

这个周末我的好朋友，摄影师大伯伯董妮和摄影师阿姨黄婕邀请我去嘉定紫藤园拍摄。一听去紫藤园，我立刻一蹦三尺高！我最喜欢紫色，梦幻般的紫色。妈妈告诉我，紫藤，又叫藤萝，每年的4月下旬至5月上旬，是到上海嘉定紫藤园观赏紫藤花的最佳时期。作为世界上仅有的三座紫藤公园之一，公园拥有26个品种共计100株紫藤，盛开时期的紫藤花穗最长可达1米多。各种紫藤，花果硕大，花色鲜艳，有紫色、粉色、白色等，各色紫藤花形成壮观的花瀑，浓浓的雅致春意令人惊艳，香味更是令人流连忘返。

一走进紫藤园，我就被梦幻般的紫藤深深地吸引了——园内紫藤花

一串串垂下来，仿佛是紫色的瀑布，这简直是童话中的公主居住的城堡呀！我站在紫色的瀑布下弹着尤克里里，陶醉地唱着歌，那一刻，我觉得自己好像也变成了公主呢！

这个时节，除了和爸爸妈妈一起赏紫藤，我还喜欢吹蒲公英。进入夏天，田野里、路边、小区花坛里，成熟的蒲公英长出一个个白色绒球，就像一颗颗棒棒糖，细细的木棒上顶着圆圆的球。我喜欢玩蒲公英，只要发现小绒球，便轻轻地摘下，放到嘴边一吹，小绒球就裂开，变成优美的小伞飞散，在空中笃悠悠地飘啊飘，随风飘得很远，不知落在什么地方。爸爸告诉我，蒲公英的球，就是它的种子，只要我们用力一吹，种子就会像降落伞一样飘散开来，落到合适的地方就会生根发芽。

立夏

39

妈妈的话

　　自然里无处不知识，生活中无时不欢乐。正如著名语文教育家于漪老师所言："语文不是象牙塔里书斋里出来的，语文是生活中出来的，是与生活同在的。玩就是学习，玩就是长知识，开智慧。"带着孩子走进大自然吧，他们会用心去观察，会用心去感悟，美好的事物会在他们的内心投射出最靓丽的彩虹，会让他们更加热爱人生，会让他们感受到生活中无处不在的美好。

【立夏三候】

　　一候蝼蝈鸣

　　蝼蝈，蝼蛄也，适宜生活在温暖潮湿的环境中。随着蝼蛄的鸣叫，夏天的味道浓了。

　　二候蚯蚓出

　　蚯蚓生活在潮湿阴暗的土壤中，当阳气极盛时，蚯蚓也会不耐烦，出来凑凑热闹。

　　三候王瓜生

　　王瓜是华北特产的药用爬藤植物，在立夏时节快速攀爬生长，在六、七月会结出红色的果实。

1．挂蛋斗蛋。立夏时，大人用丝线编成蛋套，装入煮熟的鸡蛋鸭蛋，挂在小孩子脖子上。孩子们便三五成群，进行斗蛋游戏。蛋分两端，尖者为头，圆者为尾。有的还在蛋上绘画图案，小孩子相互比试，称为斗蛋。斗蛋时蛋头斗蛋头，蛋尾击蛋尾。一个一个斗过去，破者认输，最后分出高低。

2．称体重。"立夏称人轻重数"，我国民间自古有立夏称体重的习俗。据说这是因为夏季炎热，容易苦夏，这一天称了体重，就不会消瘦了。

3．吃立夏饭。立夏这一天，按照中国人的传统习俗，要变着花样吃各种饭，乌米饭、豌豆糯米饭……主料都是最最平常的米饭，但因加进了各种时令的料，变换不同的颜色，也会引得人们食欲大开。立夏这天，南方人喜欢用赤豆、黄豆、黑豆、青豆、绿豆等五色豆拌和白粳米，煮成"五色饭"，俗称吃"立夏饭"。

立夏

山亭夏日

（唐）高　骈

绿树阴浓夏日长，楼台倒影入池塘。
水晶帘动微风起，满架蔷薇一院香。

立　夏

（宋）陆　游

赤帜插城扉，东君整驾归。
泥新巢燕闹，花尽蜜蜂稀。
槐柳阴初密，帘栊暑尚微。
日斜汤沐罢，熟练试单衣。

立夏五首（其一）

（宋）方　回

吾家正对紫阳山，南向宜添屋数间。
百岁十分已过八，只消无事守穷闲。

雪儿
的
自然笔记

二十四节气

——孩子眼中的

小满

　　小满是农历二十四节气中的第八个节气，夏季的第二个节气。在每年公历5月20日至22日之间开始。小满时节北方麦类等夏熟作物的籽粒逐渐饱满，但还未成熟。

　　从小满到下一个节气芒种期间，是最适合农作物生长的时期，也是很多动物的生长繁育期，蚕农精心喂养的蚕宝宝们开始吐丝结茧。

雪儿的节气生活

　　"妈妈，今天的樱桃怎么不够甜？没有前两天摘的樱桃甜。"我一边吃着樱桃一边说。妈妈笑着说："因为前两天吃的是你自己摘的樱桃呀！通过自己的劳动取得的果实，当然更甜！而且，你采摘的不仅仅是樱桃，还是一份乐趣呢！"

雪儿
的
自然笔记

——孩子眼中的

二十四节气

真的，回忆起前两天的摘樱桃活动，真有无限的乐趣！那天下着很大的雨，我的鞋子都被雨淋湿了。我们撑着伞，走过一片波斯菊花海，来到樱桃园，樱桃园上面搭着篷，所以淋不到雨。一走进樱桃园，我就被一株株缀满樱桃的樱桃树吸引住了，一颗颗红樱桃鲜红欲滴，晶莹剔透，在绿叶的衬托下，像一颗颗耀眼的红宝石，我忍不住要去采摘和品尝了！

拎着一只小篮子，我小心翼翼地采摘下一颗颗"红宝石"，轻轻地放在篮子里。我那认真的劲头儿，可不多见呢！先别骄傲！我突然被旁边的几只瓢虫吸引了，它们好像是一家人，不知道它们是出来游玩还是出来觅食？我津津有味地看着，把摘樱桃的事抛到了脑后，直到妈妈提着满满一篮子樱桃来找我，我才回过神来，赶紧去摘樱桃啦！

小满

妈妈的话

　　很多家长不敢也不愿意让孩子做一些力所能及的事，家长包办一切。我是反对这种教育方式的。雪儿从小就会自己洗漱、梳头，自己收拾衣服和行李，还会帮我们打扫卫生（当然，有时会越帮越忙）。要知道，自己的劳动果实才是自己最珍惜的。让孩子多动手，多做一些力所能及的事，其实对孩子的成长非常重要。

【小满三候】

一候苦菜秀

　　小满之日"苦菜秀"，苦菜，多年生菊科，春夏开花，感觉火气而生苦味，嫩时可食。

二候靡草死

　　靡草三月开小黄花，四月结子，因为是阴气所生，所以入夏后因畏于阳气而枯死。[①]

三候麦秋至

　　夏麦可以收割了。

---

　　① 为更好地介绍二十四节气的传统文化，本书借用我国古人的一些说法，请读者在阅读时留意。

二十四节气 —— 孩子眼中的

1．吃苦菜。在小满节气，苦菜是必吃的一道菜，苦菜俗称苦苦菜。因为小满是湿性皮肤病的易发期，所以饮食调养宜以清爽清淡的素食为主，可以常吃具有清利湿热作用的食物。

2．采樱桃。小满小满，麦粒渐满，绿了芭蕉，红了樱桃。爸爸妈妈可以带孩子去樱桃园摘樱桃，采摘的是亲子之乐，品尝的是自然美味。在上海嘉定菊园樱桃研究所里就可以采摘樱桃哦！

3．采桑葚。"五月立夏见小满，果树疏花紧相连。立夏桑果像樱桃，小满养蚕又种田。"这首江南地区二十四节气歌谣，描述的就是水乡桑葚成熟之景。乡村田间地头桑树上的桑葚大多进入成熟期，一粒粒果实饱满、紫黑油亮的桑葚挂满枝头，正散发出诱人的清香，令人馋涎欲滴。爸爸妈妈可以带上孩子一起去采摘桑葚，一饱口福哦！

小　满

（宋）欧阳修

夜莺啼绿柳，皓月醒长空。
最爱垄头麦，迎风笑落红。

晨 征

（宋）巩 丰

静观群动亦劳哉，岂独吾为旅食催。
鸡唱未圆天已晓，蛙鸣初散雨还来。
清和入序殊无暑，小满先时政有雷。
酒贱茶饶新而熟，不妨乘兴且徘徊。

遣 兴

（宋）王之道

步履随儿辈，临池得凭栏。
久阴东虹断，小满北风寒。
点水荷三叠，依墙竹数竿。
乍晴何所喜，云际远山攒。

芒种

芒种是农历二十四节气中的第九个节气，也是夏季的第三个节气，在每年公历6月5日至7日之间开始。芒种字面的意思是"有芒的麦子快收，有芒的稻子可种"。"芒种"两字谐音，表明一切作物都在"忙种"。所以，芒种又称为"忙种""忙着种"，预示农民伯伯开始忙碌的田间生活。

芒种时节雨量充沛，气温显著升高。此时中国长江中下游地区将进入多雨的黄梅时节，也是全面进入夏收、夏种、夏培的"三夏"大忙高潮时节。

雪儿的节气生活

　　每次翻看妈妈的照片，我都特别喜欢妈妈在法国普罗旺斯拍摄的照片，那紫色的薰衣草，一眼望不到边，像童话中的世界，我也很想到那么美丽的童话世界中去游玩。没想到这个愿望很快就能实现了，因为上海就要举办第一届薰衣草节啦！

雪儿
的
自然笔记

——孩子眼中的

二十四节气

50

　　我和爸爸妈妈，还有我的好朋友，摄影师黄婕阿姨和陈冬阿姨，一起参加上海薰衣草节。

　　我们乘车到达上海国际旅游度假区内的莫斯里安花园，一进园，我就被漫天遍野的紫色给迷住啦！妈妈说，这里有 100 亩薰衣草，都是纯正的梅丽雅特薰衣草，弥漫着浓浓的法国风情，这里的薰衣草和法国的一样浪漫美丽。我在薰衣草丛中间跑来跑去，玩得不亦乐乎。额头上汗水都滴了下来，我用手一抹，立刻变成"小花猫"，大家看到我都哈哈大笑。玩累了，我就躺在帐篷里休息一会儿，这里实在太美了，也实在太大了！除了有薰衣草花海，还有玫瑰园，各色的玫瑰美不胜收，我捧起一朵玫瑰，陶醉在它的香味中。

　　除了欣赏浪漫的薰衣草和艳丽的玫瑰花，我还看到了一群小蚂蚁搬运食物呢！休息的时候，我拿着一块面包啃，不小心把面包屑撒在了地上。没想到，香甜的面包屑吸引了一大群小蚂蚁，它们互相碰碰触角，好像在说，快来，这里有美味的食物！蚂蚁从四面八方赶来搬食物，成群结队的蚂蚁一起搬起了面包屑，有的比较轻，一只小蚂蚁背着就行了，有的比较重，两三只蚂蚁才抬得动。最后，它们齐心协力把面包屑搬回了洞里。小蚂蚁太有趣啦！我回家后要赶快把它们可爱的模样画下来！

芒种

妈妈的话

　　雪儿能在欣赏美景的时候，细心地观察蚂蚁的生活，这一点是让我比较惊讶的。更惊讶的是，她回到家里，还把蚂蚁搬食物的场景画了下来，尽管画面可能只有她能理解。想起当时我还为她蹲在那里不肯走而训斥她，不禁汗颜。孩子的行为在家长眼里经常是那么的不着调，也因此而不断训斥孩子，希冀他们按照大人的行为和逻辑行事，却不知，很可能把孩子的天性和创造力逐渐泯灭了。

【芒种三候】

　　一候螳螂生

　　在这一节气中，螳螂在上一年深秋产的卵因感受到阴气初生而破壳生出小螳螂。

　　二候鹏始鸣

　　喜阴的伯劳鸟开始在枝头出现，并且感阴而鸣。

　　三候反舌无声

　　能够学习其他鸟鸣叫的反舌鸟，因感应到阴气的出现而停止了鸣叫。

1. 吃粽子。每年农历五月初五是端午节，大多数在芒种期间。家家户户包粽子、吃粽子。爸爸妈妈还可以给小朋友讲讲端午节的来历，纪念一下伟大的爱国诗人屈原。

2. 挂香袋。端午节大人会给小孩佩戴香囊，这有辟邪驱瘟之意。香囊内有朱砂、雄黄、香药，外包以丝布，拴五色丝线。香囊中所用的中草药物，能散发出天然的香气，可以预防感冒、手足口病等，且对防蚊驱虫有一定作用。

3. 观龙舟赛。过端午，赛龙舟，是上海人每年的文化活动。龙舟竞渡是战国时期就有的习俗。战国时期，人们在急鼓声中划刻成龙形的独木舟，做竞渡游戏，以娱神与乐人，此时的龙舟竞渡是祭仪中半宗教性、半娱乐性的节目。赛龙舟在不同的地方，被赋予不同的寓意。

北 固 晚 眺

（唐）窦 常

水国芒种后，梅天风雨凉。
露蚕开晚簇，江燕绕危墙。
山趾北来固，潮头西去长。
年年此登眺，人事几销亡。

龙华山寺寓居十首（其一）

（宋）王之望

水乡经月雨，潮海暮春天。
芒种嗟无日，来牟失有年。
人多蓬菜色，村或断炊烟。
谁谓山中乐，忧来百虑煎。

梅 雨 五 绝

（宋）范成大

乙酉甲申雷雨惊，乘除却贺芒种晴。
插秧先插蚤籼稻，少忍数旬蒸米成。

雪儿
的
自然笔记

二十四节气

——孩子眼中的

夏至

　　夏至是农历二十四节气中的第十个节气，在每年公历 6 月 21 日至 22 日之间开始。"至"是到的意思，夏至这天，太阳直射地球的位置到达一年的最北端，几乎直射北回归线，北半球的白昼达到一年中最长。

　　夏至是二十四节气中最早被确定的一个节气。公元前七世纪，先人采用土圭测日影，确定了夏至。夏至，古时又称为"夏节""夏至节"。古时夏至日，人们通过祭神以祈求灾消年丰。

　　夏至，上海还有一个非常鲜明的特征——黄梅天。天气潮湿闷热，白蚁蚊虫纷纷出来活动。

雪儿的节气生活

　　傍晚时分，我跟着爸爸妈妈一起去遛拉宝，爸爸说："雪儿，你过来听青蛙的叫声。"我们一大一小就凑在池边听蛙声。池塘里的再力花长得很茂盛，池塘边的紫娇花也分外娇艳，空气里还弥漫着栀子花浓郁的香味。妈妈说："雪儿，还记得那首黄梅时节家家雨吗？"我点点头，说："黄梅时节家家雨，青草池塘处处蛙……对啦！这里也有青蛙！"

雪儿
的
自然笔记

——孩子眼中的
二十四节气

今天，妈妈带回家很多好吃的水果，有余姚的杨梅，广东的荔枝，还有南汇的西瓜，妈妈说都是叔叔阿姨送给我吃的。真开心！妈妈还带着我一起泡杨梅酒，真有趣！

去金山海边玩耍，捡贝壳，捉螃蟹，快乐无比！我喜欢闻大海的气味。赤脚走在沙滩上，小脚丫有种滑滑的痒痒的感觉，偶尔会被一些小贝壳划得小脚生疼。落潮时，海滩露出来了，会发现沙滩上有许多大大小小的洞，洞的外面还有点沙，这就是螃蟹洞。我不敢捉螃蟹，只好央求爸爸帮我捉，爸爸可厉害啦！一抓一个准。我最喜欢捡贝壳，大多数贝壳是白色的，偶尔遇到紫色的、粉色的贝壳，我总会喜出望外，如获至宝！把这些美丽的贝壳带回家，我的宝藏又多了一些哟！

夏至

妈妈的话

　　每个季节都有它动人的魅力，关键在于你的发现。生活中尽管处处充满了艰辛与困苦，但又何尝不是时时存在幸福与快乐呢？希望孩子能体味会这一点，能在今后漫漫人生路上，善于发现快乐，时刻保持健康向上的状态。

【夏至三候】

一候鹿角解

　　麋与鹿虽属同科，但古人认为，两者中，一个属阴，另一个属阳。鹿的角朝前生，所以属阳。夏至日阴气生而阳气始衰，所以阳性的鹿角便开始脱落。而麋因属阴，所以在冬至日角才脱落。

二候蝉始鸣

　　雄性的知了在夏至后因感阴气之生便鼓翼而鸣。

三候半夏生

　　半夏是一种喜阴的药草，因在仲夏的沼泽地或水田中出生而得名。由此可见，在炎热的仲夏，一些喜阴的生物开始出现，阳性的生物开始衰退。

1. 吃夏至面。很多地区有夏至吃面的习俗，并且有"吃过夏至面，一天短一线"的说法，也就是说，夏至一过，白天就一天比一天短了。

2. 泡杨梅酒。《本草纲目》中记载杨梅酒有"生津、止咳、调五脏、涤肠胃、除烦愦恶气"的功效。南方，在杨梅上市的时节家家有泡杨梅酒的习俗。

3. 煮青梅。在南方，每年五、六月是梅子成熟的季节，新鲜梅子大多味道酸涩，难以直接入口，需加工后方可食用，这种加工过程便是煮梅。三国时就有"青梅煮酒论英雄"的典故。

夏至避暑北池

（唐）韦应物

昼晷已云极，宵漏自此长。

未及施政教，所忧变炎凉。

公门日多暇，是月农稍忙。

高居念田里，苦热安可当。

亭午息群物，独游爱方塘。

门闭阴寂寂，城高树苍苍。

绿筠尚含粉，圆荷始散芳。

于焉洒烦抱，可以对华觞。

59

夏至后初暑登连天观

（宋）杨万里

登台长早下台迟，移遍胡床无处移。
不是清凉罢挥扇，自缘手倦歇些时。

约　客

（宋）赵师秀

黄梅时节家家雨，青草池塘处处蛙。
有约不来过夜半，闲敲棋子落灯花。

雪儿
的
自然笔记

二十四节气

——孩子眼中的

小暑

　　小暑，是农历二十四节气中的第十一个节气，在每年公历 7 月 6 日至 8 日之间开始。天气已经很热，但不是最热的时候，所以叫小暑。暑，表示炎热的意思，小暑为小热，意指天气开始炎热，但还没有到最热。

　　这时节，南方的梅雨季节即将结束，而人们常说的一年中最热的"三伏天"就要开始了。很多地方有"头伏"吃饺子的传统习俗，"头伏饺子，二伏面，三伏烙饼摊鸡蛋"。因为伏日人们食欲不振，往往比常日消瘦，俗称苦夏，而饺子在传统习俗里正是开胃解馋的食物。

雪儿的节气生活

　　今天是小暑，妈妈说，一年中最热的"三伏天"就要开始了，果然，一出门就感受到一股热风迎面吹来。今天我跟着电视台叔叔阿姨去公园拍《喝彩中华》的宣传片，我看到摄像师叔叔的衣服全都湿透了，导演阿姨的腿上被蚊子咬得全是包！我的头上也一直在冒汗，妈妈不停地帮我擦汗。我今天要拍摄的是唱沪剧《金丝鸟》，可是树上的知了拼命地叫着

雪儿
的
自然笔记

——
孩
子
眼
中
的
二
十
四
节
气

"热呀""热呀"。我的声音完全听不见了呀！只能等知了叫累了休息时，我赶紧唱，摄影师赶紧拍……这样就拍了整个上午。虽然很热，也有点辛苦，但是我还是觉得很开心！因为池塘里有一群鸭子来听我唱歌；我在树上找到一只蝉蜕；还在地上捡到一根鸭子的羽毛；我还跟着两只黑天鹅一起笃悠悠地散步……

拍完录像，回到家里，大西瓜在等着我！我一口气啃了好几块！真甜呀！

晚饭后，爸爸带我和拉宝出去散步，我听到"瞿""瞿""瞿"的叫声，我问爸爸，这是蟋蟀吗？爸爸说是的，因为天气太热，蟋蟀离开田野，到庭院的墙角下避暑，爸爸还答应帮我捉几只蟋蟀养在家里，去年就养了好几只呢！

我喜欢夏天，虽然蚊子会咬我，但是夏天可以穿漂亮的裙子，夏天可以吃西瓜，夏天可以去海滩……夏天的乐趣真多呀！

小暑

妈妈的话

千万不要因爱而小看孩子的耐受力，千万不要因爱而让孩子放弃应坚持的。生活中往往会出现因家长爱孩子，感到孩子在做某些事很辛苦时，就自己亲自上阵。殊不知，这样一来，孩子很容易养成依赖性，很容易让孩子今后对工作学习缺乏坚忍和耐心。现在很多大人觉得雪儿不可能完成的，如"诗书中华"长时间的录制等工作，雪儿都能很沉静很认真地做好。因此，家长应该结合孩子的特点，设定好孩子有能力有兴趣完成的阶段性目标，鼓励孩子付出努力，自主完成。

【小暑三候】

一候温风至
小暑时节大地上便不再有一丝凉风，而是所有的风中都带着热浪。
二候蟋蟀居宇
《诗经·七月》中描述蟋蟀的字句有"七月在野，八月在宇，九月在户，十月蟋蟀入我床下"。文中所说的八月即是夏历的六月，即在小暑节气中，由于炎热，蟋蟀离开田野，到庭院的墙角下避暑热。
三候鹰始鸷
在这一节气中，老鹰因地面气温太高而在清凉的高空中活动。

1. 吃西瓜。西瓜堪称"盛夏之王"，清爽解渴，味道甘味多汁，是盛夏佳果。西瓜是最自然的天然饮料，而且营养丰富，对人体益处多多。孩子特别喜爱吃西瓜，炎炎夏日，啃上一块西瓜，别提多爽啦！但是要注意的是，虽然西瓜优点很多，也不能多吃！

2. 踩水塘。下过雨的夏天特别舒服好玩，雨后清新的空气中，带上小朋友一起去玩水吧。穿上雨鞋和小朋友踏入水坑、水塘、水洼，水花四溅，小朋友一定会马上进入兴奋状态。这也是童年的乐趣之一哦！

3. 观察昆虫。夏季和昆虫一起玩耍，是小朋友最喜欢的事。可以带小朋友到野外去寻找各种小动物，蜗牛、毛毛虫、蚯蚓、蚂蚁、蜘蛛等，观察它们的行为，给它们"喂食"，这是培养孩子耐心、增长见识的好游戏。

小暑

消　暑

（唐）白居易

何以消烦暑，端居一院中。
眼前无长物，窗下有清风。
散热由心静，凉生为室空。
此时身自得，难更与人同。

小暑六月节

（唐）元　稹

倏忽温风至，因循小暑来。
竹喧先觉雨，山暗已闻雷。
户牖深青霭，阶庭长绿苔。
鹰鹯新习学，蟋蟀莫相催。

和答曾敬之秘书见招能赋堂烹茶

（宋）晁补之

一碗分来百越春，玉溪小暑却宜人。
红尘它日同回首，能赋堂中偶坐身。

大暑

　　大暑是农历二十四节气中的第十二个节气，在每年公历 7 月 22 日至 24 日之间开始。大暑表示炎热至极，即夏天最热的时候。

　　大暑节气正值"三伏天"里的"中伏"前后，是一年中最热的时候，气温最高，天气开始变得闷热，土地也很潮湿，时常有雷雨出现。这个季节农作物生长最快，同时，很多地区的旱、涝、风灾等各种气象灾害也最为频繁。

　　夏夜，萤火虫在草丛中飞来飞去，预示着凉爽的秋天不远了。

雪儿的节气生活

昨天晚上，妈妈告诉我："明天跟着黄婕老师、陈冬阿姨和姜彦老师去古猗园拍荷花。但要在早上四点钟起床。"我问妈妈："为什么那么早啊？"妈妈回答："现在是荷花开得最美的时候，也是最热的时候，所以我们要趁太阳还没有升起时，早早地去拍荷花。"于是，我们在清晨五点就到了古猗园。

雪儿
的
自然笔记

——孩子眼中的

二十四节气

大暑

一进古猗园，我感觉仿佛进入了神仙居住的地方，亭台楼榭，烟雾缭绕。坐在荷塘边，我看着摇曳的荷花和田田的荷叶，都入了迷！真的太美了！妈妈带上琵琶，我带上扇子，我们穿上古装，在这仙境里也做了一回"神仙"。黄婕老师和姜彦老师给我们拍了很多美美的照片，妈妈还写了一首诗呢！《古风》"仙家儿女翳荷裳，仙家姐姐罢宫妆，花时误到深深处，一桨波翻碎斜阳。"

回到家，就把我最喜欢的用笔画了下来，我喜欢粉色的荷花，喜欢莲蓬——因为莲蓬好吃啊！我还喜欢停在荷花上的蜻蜓，因为这让我想到了："小荷才露尖尖角，早有蜻蜓立上头。"

妈妈的话

孩子，美好的事物背后也是有代价的。为了拍出美照，爸爸妈妈睡眼惺忪地硬撑着爬起、准备。到了公园，担心你被蚊虫叮咬，帮你驱赶，而妈妈被叮了好多包。爸爸为了我们拍出美照，肩挑手提地做着后勤工作，热得大汗淋漓。摄影师阿姨汗流浃背，一会儿趴着，一会儿蹲着，只为找到一个更好的角度。她的付出留下了你童年的美好，也希望你能记住，岁月静好，只因有人替你默默守护，愿你长留感恩之心。

小知识

【大暑三候】

一候腐草为萤

世上萤火虫有两千多种，分水生与陆生两种。陆生的萤火虫产卵于枯草上，大暑时，萤火虫卵化而出，所以古人认为萤火虫是由腐草变成的。

二候土润溽暑

天气开始变得闷热，土地也很潮湿。

三候大雨时行

时常有大的雷雨会出现，这大雨使暑湿减弱，天气开始向立秋过渡。

1. 赏荷花。大暑时节，荷花盛开，接天莲叶无穷碧，映日荷花别样红。上海很多公园中都开满了荷花，而这些地方又临近水域，是绝佳的避暑之地，爸爸妈妈可以带着孩子来这里避暑赏花，吟诗作画，别有一番情趣。

2. 吃荔枝。民间传说大暑这一天吃荔枝，营养价值和吃人参一样高。荔枝含有葡萄糖和多种维生素，富有营养价值，所以吃鲜荔枝可以滋补身体。先将鲜荔枝浸于冷井水中，大暑一到便可取出品尝。这天吃荔枝，最惬意、最滋补。

3. 玩水枪。夏天可以要玩水，水枪可是非常好的玩具。在熟悉的小公园里，树阴下，和小朋友一起玩水枪，可以互相追逐玩耍，可以"打"水里的小鱼，可以给树"浇水"。这是童年中不能错过的一大乐趣啊！

大暑

小　　池

（宋）杨万里

泉眼无声惜细流，树阴照水爱晴柔。
小荷才露尖尖角，早有蜻蜓立上头。

夏 日 闲 放

（唐）白居易

时暑不出门，亦无宾客至。
静室深下帘，小庭新扫地。
褰裳复岸帻，闲傲得自恣。
朝景枕簟清，乘凉一觉睡。
午餐何所有，鱼肉一两味。
夏服亦无多，蕉纱三五事。
资身既给足，长物徒烦费。
若比箪瓢人，吾今太富贵。

登 殊 亭 作

（唐）元 结

时节方大暑，试来登殊亭。
凭轩未及息，忽若秋气生。
主人既多闲，有酒共我倾。
坐中不相异，岂恨醉与醒。
漫歌无人听，浪语无人惊。
时复一回望，心目出四溟。
谁能守缨佩，日与灾患并。
请君诵此意，令彼惑者听。

立秋

立秋是农历二十四节气中的第十三个节气，在每年公历8月7日至9日之间开始。从这一天起开始进入秋天。

立秋后虽然一时暑气难消，还有"秋老虎"的余威，但总的趋势是天气逐渐凉爽。立秋后，下一次雨凉快一次，因而有"一场秋雨一场寒"的说法。

立秋不仅预示着炎热的夏天即将过去，秋天即将来临。也表示大部分花草树木开始结果孕子，收获的季节到了。

雪儿的节气生活

　　今天是立秋，妈妈说，咱们今天去马陆采葡萄。嘿嘿，真开心！我可喜欢吃葡萄啦！夏天真好，可以吃大西瓜，吃甜甜的水蜜桃，吃荔枝……哎呀！太多太多好吃的水果啦！去年也跟妈妈一起到马陆采葡萄，一边采一边吃，真爽快！今年又可以让我这个小馋猫大饱口福啦！走进葡萄园，那只好脾气的小黄狗就冲着我摇尾巴，它还记得我呢！葡萄架下面

雪儿的自然笔记

——孩子眼中的二十四节气

74

有很多公鸡母鸡在踱步，时不时啄两颗葡萄，优哉游哉。我还看到了鱼塘、玉米地、蔬菜园，还第一次看到母鸡生蛋的全过程，第一时间拿到了热乎乎的新鲜鸡蛋呢！

夏天的雨来得快也去得快，一场骤雨后，我在地上发现了一只蜗牛，它爬得很慢很慢。我觉得小蜗牛好有趣啊！回到家拿出纸和笔，开始画蜗牛，这幅画还有个好玩的故事呢：蜗牛爸爸带着宝宝出去玩，碰到了另外一家的蜗牛妈妈带着宝宝也出去玩。蜗牛妈妈和蜗牛宝宝都睡着了，它们就在旁边笑，它们看到了很多小草，还看到了四片树叶。睡觉的那家蜗牛醒来了，他们开始"吃"小草和分享四片树叶，太阳还在天空中高高地挂着呢。

立秋

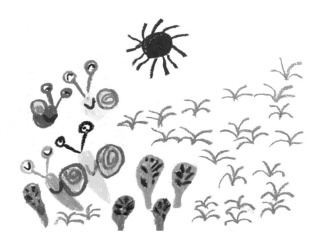

妈妈的话

孩子眼中的世界是多彩的，一片树叶、一只蜗牛，一切事物对孩子来说都是那么的自然和谐、亲切可爱。于是，笔下的画面也生动了起来。尽管笔触是那么的稚嫩，但这就是她眼中那一花一世界的真实，是外部世界与她内心世界的完美呼应。

【立秋三候】

一候凉风至

立秋后，我国许多地区开始刮偏北风，偏南风逐渐减少。小北风给人们带来丝丝凉意。

二候白露生

由于白天日照仍很强烈，夜晚的凉风刮来形成一定的昼夜温差，清晨能看见空气中的水蒸气在植物上凝结成的一颗颗晶莹的露珠。

三候寒蝉鸣

这时候的蝉，食物充足，温度适宜，在微风吹动的树枝上得意地鸣叫着，好像告诉人们炎热的夏天过去了。

1. 贴秋膘。民间流行在立秋这天以悬秤称人，将体重与立夏时对比。因为人到夏天，本就没有胃口，饭食清淡简单，两三个月下来，体重大都会减轻。而秋风一起，胃口大开，想吃点好的，增加一点营养，补偿夏天的损失，补的方法就是"贴秋膘"：在立秋这天吃各种各样的肉，"以肉贴膘"。

2. 采葡萄。炎炎夏日，又到了葡萄上市的季节，爸爸妈妈可以带小朋友去葡萄园，自己动手采摘葡萄，不仅能吃到新鲜健康的水果，还能和家人享受欢快的时光，何乐而不为呢？上海地区的嘉定、金山、奉贤都有可以采摘的葡萄园哦！

3. 摘桃子。上海本地的桃子成熟了，沉甸甸地挂在树上，甜蜜多汁的桃子看上去无比诱人，让人忍不住想摘下来吃。可是桃子表面有很多毛毛，如果碰到皮肤就会使皮肤发痒。所以，爸爸妈妈带小朋友去桃园摘完桃子，一定要记得先把手和桃子洗干净，再享用美味哦！上海南汇的桃园在这个季节可是热门地点。

立秋

古诗词

立　秋

（唐）刘言史

兹晨戒流火，商飙早已惊。
云天收夏色，木叶动秋声。

立秋日登乐游园

（唐）白居易

独行独语曲江头，回马迟迟上乐游。
萧飒凉风与衰鬓，谁教计会一时秋。

山 居 秋 暝

（唐）王　维

空山新雨后，天气晚来秋。
明月松间照，清泉石上流。
竹喧归浣女，莲动下渔舟。
随意春芳歇，王孙自可留。

雪儿
的
自然笔记

二十四节气

——孩子眼中的

处暑

处暑是农历二十四节气中的第十四个节气，在每年公历 8 月 22 日至 24 日之间开始。处暑是温度下降的一个转折点，是天气变凉的象征，表示暑天终止，我国大部分地区气温逐渐下降。

这个节气，天地间万物开始凋零，农作物开始成熟。

处暑节气前后的民俗多与祭祖及迎秋有关。处暑前后民间会有庆赞中元的民俗活动，俗称"作七月半"或"中元节"。

雪儿的节气生活

　　今天是处暑，妈妈带着我去跟好朋友一起喝下午茶，我特别激动，因为又可以看到我的好朋友，菲菲姐姐啦！妈妈在阳台上大声叫我："雪儿，快来看！今天的天气真好啊！"我赶紧跑到阳台上，哇！碧蓝碧蓝的天空中，飘着朵朵白云，雪白雪白的，像棉花糖一样！"雪儿你看，这朵云像大白熊！"妈妈说，我一看，真的像呢！"妈妈你看，这朵云像咩咩

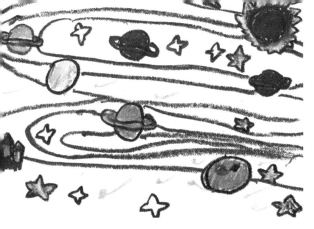

羊！"我也看到一朵有趣的云。妈妈说："雪儿，你赶紧去拿照相机把它们拍下来！"我立即捧起照相机"咔擦咔擦"拍了起来。妈妈说，今天的功课就是"拍云"！哎呀，真开心啊！因为我喜欢看云，喜欢天空，还喜欢探索宇宙呢！昨天晚上我还画了一幅"宇宙星系"的图画呢！

我骑着滑板车，跟着妈妈去喝下午茶，突然，我又激动地叫起来："妈妈快看！这里有我的影子！"妈妈说，从现在起，上海就要进入最美丽的金秋季节啦！

聚会结束，回到家里，爸爸说："小宝，我帮你抓了一只蟋蟀，放在蟋蟀罐里了，你从来没见过真正的蟋蟀……"我扭头问爸爸："爸爸，你抓的是公的还是母的？"爸爸回答："是公的，会叫的。"我兴奋地说："摩擦摩擦翅膀，就发出声音了……"——公蟋蟀会叫，这个知识，是我从科普书中看到的。

处暑

81

妈妈的话

　　小孩子学会说话后，会问各种各样问题，好像问不完似的。家长会失去耐心，或呵斥或敷衍孩子。多次出现这种情况后，会遏制孩子的好奇心，求知欲也会下降。平等、鼓励、耐心、包容这八个字很重要，家长在孩子提问时，一定要耐心回答，不懂的要与孩子共同求证，引发孩子的好奇心。孩子的培养过程，难道不是父母的自身修炼以及与孩子共同成长的过程吗？

小知识

【处暑三候】

一候鹰乃祭鸟
老鹰开始大量捕猎鸟类。
二候天地始肃
天地间万物开始凋零。
三候禾乃登
"禾乃登"中的"禾"是指黍、稷、稻、粱类农作物的总称，"登"即成熟的意思。

1. 捉蟋蟀。"知有儿童挑促织,夜深篱落一灯明。"中国蟋蟀文化,历史悠久,源远流长,是具有浓厚东方色彩的中国特有的文化生活,也是中国的艺术。爸爸妈妈不一定都要去带孩子捉蟋蟀,但是可以带孩子去听听蟋蟀悦耳的鸣叫声。

2. 采菱角。菱的颜色,或青或红或紫,各不相同,其形状有两角、三角、四角以及无角。每当新秋,或者深绛浅红,或者深绿浅碧,漂浮在水面上。爸爸妈妈可以带孩子一起去采菱角,微风拂面,笑语盈盈,荡漾水中,趣味无穷。上海地区周边的一些古镇都可以去采菱角。

3. 吃鸭子。民间有处暑吃鸭子的习俗,其原因是老鸭味甘性凉。

古诗词

处暑后风雨

（宋）仇　远

疾风驱急雨,残暑扫除空。
因识炎凉态,都来顷刻中。
纸窗嫌有隙,纨扇笑无功。
儿读秋声赋,令人忆醉翁。

七夕处暑

（清）胤 禛

天上双星合，人间处暑秋。

稿成今夕会，泪洒隔年愁。

梧叶风吹落，璇霄火正流。

将陈瓜叶宴，指影拜牵牛。

国风·唐风·蟋蟀

（先秦）《诗经》

蟋蟀在堂，岁聿其莫。

今我不乐，日月其除。

无已大康，职思其居。

好乐无荒，良士瞿瞿。

蟋蟀在堂，岁聿其逝。

今我不乐，日月其迈。

无已大康，职思其外。

好乐无荒，良士蹶蹶。

蟋蟀在堂，役车其休。

今我不乐，日月其慆。

无已大康，职思其忧。

好乐无荒，良士休休。

白露

　　白露是农历二十四节气中的第十五个节气，在每年公历9月7日至9日之间开始。此时气温开始下降，天气转凉，早晨草木上有了露珠。这些露珠晶莹剔透，太阳光照在上面发出洁白的光芒，所以称为白露。

　　福州有"白露必吃龙眼"的传统，认为在白露这一天吃龙眼有大补身体的奇效。浙江温州等地有过白露节的习俗。老南京人还有自酿白露米酒的习俗。

雪儿的节气生活

今天要去吴阿姨家做客，又可以见到那位美丽又温柔的吴阿姨啦，真激动啊！

傍晚时分，我们一家和吴阿姨一家沿着康平路散步，爸爸突然停下脚步，用手机的灯光在地上寻找着什么，于是大家都停了下来。爸爸从地上抓起一只知了，开心地说："小宝！来看知了！"然后把知了翻过来，给我讲解知了是怎样发声的，吴阿姨惊奇地问："你怎么知道地上有知

雪儿
的
自然笔记

——孩子眼中的
二十四节气

86

了？"爸爸答："我听到有知了在地上叫，估计是从树上掉下来的，你看这只知了一边的翅膀断了……"说着把那只受伤的知了放回树上……

晚饭时，吴阿姨问我最喜欢唱什么歌？我说我最喜欢唱邓丽君的歌，吴阿姨的表情又惊讶又兴奋，她说哪有那么小的孩子就喜欢邓丽君的？她是到了现在的年纪才喜欢邓丽君的。吴阿姨说她喜欢《在水一方》这首歌，我也很喜欢，我记得妈妈说这首歌就是来自《蒹葭》"蒹葭苍苍，白露为霜。所谓伊人，在水一方……"我当时不懂"蒹葭"是什么，妈妈解释给我听，蒹是荻，像芦苇。葭，就是芦苇。哦，我就知道了，芦苇就是在长在水边的草，上回黄婕阿姨还给我在芦苇丛中拍过照片呢，我还把芦苇花吹到天空中呢，玩得可开心啦！

妈妈的话

　　知识无处不在，生活本身就是很好的教科书。雪儿会的很多诗词并不是我们教的，而是她从最喜欢的歌星邓丽君的歌里听来的。我们在这方面做了一件现在看来极为正确的事，那就是，她来问我们她喜欢的诗歌时，我们会很认真地和她一起读，并讲给她听。而对一些我们认为好的诗歌，我们也会套用她熟悉和喜欢的旋律来教她唱。所以，她的诗歌学得较快，也对诗歌充满了兴趣。因此，孩子的学习兴趣其实是很浓的，关键在于家长如何引导。

【白露三候】

一候鸿雁来

　　鸟从北向南飞，大曰鸿，小曰雁。

二候玄鸟归

　　燕子等候鸟南飞避寒。

三候群鸟养羞

　　百鸟开始储存干果粮食以备过冬。

1. 补露。人们常说："白露前是雨，白露后是鬼。"意思是说白露时节雨下在哪里，就苦在哪里。因此，白露时节各地就有"补露"的习俗，就是通过吃一些食物来补充身体的能量，为进入寒冬做好准备。

2. 喝白露茶。民间有"春茶苦，夏茶涩，要喝茶，秋白露"的说法。白露时节的茶树经过夏季的酷热，此时正是它生长的最佳时期。白露茶既不像春茶那样鲜嫩、不经泡，也不像夏茶那样干涩味苦，而是有一种独特甘醇清香味。

3. 换秋装。白露是典型的秋天节气，古语说："白露节气勿露身，早晚要叮咛。"意在提醒人们此时白天虽然温和，但早晚已凉，容易着凉。所以爸爸妈妈不要再给孩子穿夏装，可以换上秋装啦！

白　露

（唐）杜　甫

白露团甘子，清晨散马蹄。
圃开连石树，船渡入江溪。
凭几看鱼乐，回鞭急鸟栖。
渐知秋实美，幽径恐多蹊。

金陵城西楼月下吟

（唐）李　白

金陵夜寂凉风发，独上高楼望吴越。
白云映水摇空城，白露垂珠滴秋月。
月下沉吟久不归，古来相接眼中稀。
解道澄江净如练，令人长忆谢玄晖。

秦风　蒹葭

先秦《诗经》

蒹葭苍苍，白露为霜。所谓伊人，在水一方。
溯洄从之，道阻且长。溯游从之，宛在水中央。
蒹葭萋萋，白露未晞。所谓伊人，在水之湄。
溯洄从之，道阻且跻。溯游从之，宛在水中坻。
蒹葭采采，白露未已。所谓伊人，在水之涘。
溯洄从之，道阻且右。溯游从之，宛在水中沚。

雪儿
的
自然笔记

——孩子眼中的

二十四节气

秋分

秋分是农历二十四节气中的第十六个节气，在每年公历 9 月 22 日至 24 日之间开始。秋分时，太阳直射在赤道上，南北半球昼夜平分，也就是白天和黑夜的时间一样长，从这一天起，阳光直射位置继续由赤道向南半球推移，北半球开始昼短夜长。同时，秋分也意味着秋季正好过去了一半。

秋分，正是收获的大好季节，我国很早就以"秋分"作为耕种的标志。这个时候，苹果、梨、葡萄、石榴、柿子等各种水果都成熟了，人们可以尽情享用啦。

雪儿的节气生活

　　今天是中秋节啦！爸爸妈妈带着我一起去外婆家过中秋。我最开心啦！因为舅舅一家也要去，我又可以跟姐姐一起玩啦！路上，爸爸妈妈商量国庆长假的安排，我一听，赶忙就问："国庆节吃什么？"妈妈纳闷地说："不吃什么，你为什么要这样问？"我回答："不是每个节都有一样吃的东西吗？端午节吃粽子，有的节吃汤圆，还有中秋节吃月饼……那国庆节也应该吃什么吧？"妈妈笑了，说："你这个小馋猫！就想着吃！每个节日不仅仅是吃东西，还有很多传统习俗，比如说中秋节就是全家团圆的节日，所以妈妈要带你去看外公外婆。中秋节还有很多神话故事，妈妈给你讲嫦娥奔月的故事好吗？"小宝问："嫦娥是长尾蛾吗？"妈妈立即解释："嫦娥不是长尾蛾……"正好车上还有一盒月饼，妈妈就给我看看嫦娥和玉兔的图画，把嫦娥的故事讲了一遍，后来妈妈还教了我一首

跟嫦娥有关的古诗："云母屏风烛影深，长河渐落晓星沉。嫦娥应悔偷灵药，碧海青天夜夜心。"

下午出去溜拉宝的时候，整个花园里都洋溢着桂花的香味，妈妈说，这叫"八月桂花香"。妈妈说，舅舅家院子里的桂花树也开得很好，我们一起去采点桂花，回家酿桂花蜜吧！于是，妈妈带上我和拉宝，还有小花，一起去采桂花啦！

爸爸还给我抓了一只螳螂，他跑回家给我"献宝"，还神神秘秘地问："你知道这是什么吗？"我回答："螳螂！"爸爸妈妈都很奇怪——我怎么知道的？妈妈都从来没有见过真正的螳螂呢！我说我也是书上看来的呀！我还说："它会咬人的！"爸爸更惊讶了，说："对的，这个你也知道啊？"爸爸抓了一只飞蛾给螳螂吃，结果没多久就看到了被肢解的飞蛾……

妈妈的话

每个孩子都是上天降下的精灵。每个孩子在成长过程中都会展示他的特长与短板，有的是一个阶段的，有的是伴随终生的。作为负责任的家长，我们要在孩子成长过程中仔细观察，对孩子特别感兴趣的我们要予以鼓励和培养，使兴趣向特长转化，对孩子较弱的、没有兴趣而又最好拥有的知识和领域，我们要努力引导孩子，培养孩子在这些方面的兴趣。但是，世上没有十全十美的人和事，试图把孩子的短板培养成长板，可能未必比把长板变得更突出，短板不至于太短更有效，毕竟精力是有限的。

【秋分三候】

一候雷始收声

古人认为雷是因阳气盛而发声，秋分后阴气开始旺盛，所以不再打雷了。

二候蛰虫坯户

"坯"字是细土的意思，就是说由于天气变冷，蛰居的小虫开始藏入穴中，并且用细土将洞口封起来以防寒气侵入。

三候水始涸

此时降雨量开始减少，由于天气干燥，水汽蒸发快，所以湖泊与河流中的水量变少，一些沼泽及水洼便处于干涸中。

1. 吃月饼。秋分曾是传统的"祭月节"。现在的中秋节则是由传统的"祭月节"而来的。农历八月十五是中秋节，这是团圆的节日，也是丰收的节日。中秋节这天，全家人团聚在一起，品尝着美味的月饼和各种新鲜的水果，其乐融融。

2. 赏月。中秋节除了吃吃喝喝，全家人还可以赏月，一起诵读一首《明月几时有》。爸爸妈妈可以跟孩子说说嫦娥奔月，吴刚伐桂的神话传说。这样的中秋节岂不是更有意义？

3. 赏桂花。桂花有"九里香"之誉，是我国人民十分喜爱的一种传统名贵花木。自古以来，人们把桂花及其果实视为"天降灵实"，作为崇高、美好、吉祥的象征。因此，人们称誉好的儿孙为"桂子兰孙"；把"进士及第"或考上状元，称为"蟾宫折桂"；把月宫称为"桂宫"，以"桂魄"比喻月亮。所以在中秋节赏桂花更是别有滋味，因为桂花寄托着人们对甜蜜生活的追求和赞美。

秋分

晚　晴

（唐）杜　甫

返照斜初彻，浮云薄未归。

江虹明远饮，峡雨落馀飞。

凫雁终高去，熊罴觉自肥。

秋分客尚在，竹露夕微微。

嫦　娥

（唐）李商隐

云母屏风烛影深，长河渐落晓星沉。
嫦娥应悔偷灵药，碧海青天夜夜心。

水调歌头·明月几时有

（宋）苏轼

明月几时有？把酒问青天。
不知天上宫阙，今夕是何年？
我欲乘风归去，又恐琼楼玉宇，高处不胜寒！
起舞弄清影，何似在人间！
转朱阁，低绮户，照无眠。
不应有恨，何事长向别时圆？
人有悲欢离合，月有阴晴圆缺，此事古难全。
但愿人长久，千里共婵娟。

雪儿的自然笔记

二十四节气——孩子眼中的

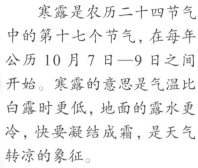

寒露

寒露是农历二十四节气中的第十七个节气，在每年公历 10 月 7 日—9 日之间开始。寒露的意思是气温比白露时更低，地面的露水更冷，快要凝结成霜，是天气转凉的象征。

白露、寒露、霜降三个节气，都表示水汽凝结现象，而寒露是气候从凉爽到寒冷的过渡。

寒露时天气对秋收十分有利，寒露时的农谚有：黄烟花生也该收，起捕成鱼采藕芡。大豆收割寒露天，石榴山楂摘下来。

雪儿的节气生活

一家人围坐着吃晚饭。"雪儿，珍妮阿姨邀请你参加重阳节的敬老活动，给爷爷奶奶表演，你愿意去吗？""当然愿意啊！"我高兴地点点头，说："我们今天也跟着老师去敬老院给爷爷奶奶表演，我还送了一幅画给他们呢！"

第二天我跟着爸爸妈妈一起到了曹杨街道，我为爷爷奶奶唱老歌、朗诵古诗，他们都为我竖起大拇指，他们说都在电视上看到过我，可喜欢我啦！一位爷爷还跟我一起唱老歌，载歌载舞，看到爷爷奶奶笑得那么开心，我也特别开心！

大家都夸我是个大方的孩子，但其实我以前胆子特别小，见到陌生

人就会躲，更别说上台表演了！妈妈为了锻炼我的胆量，可是花了好多功夫啊！她陪我去 T 台走秀，她教我游泳，她还教我骑马呢。

记得我第一次跟妈妈到马场，我立即被这里的美景惊呆了！这里除了有巨大的骑马场，还有长满芦苇的湖泊，马场被一望无边的树林包围着，空气非常清新，草坪上还有一个惬意的吊床……这一切简直像世外桃源啊！我立刻在吊床上玩得不亦乐乎。

一开始我一点儿都不敢骑马，即使妈妈说陪我骑马，我也惊慌失措，不敢靠近马匹。不过后来我看到妈妈骑着骏马驰骋，英姿飒爽的模样，我也心动了，就慢慢地靠近马儿，最后妈妈抱着我骑了一圈，我就不害怕啦！骑在高头大马上，我感觉自己也高大起来，大家都夸奖我很勇敢。嗯，我要快快长大，以后可以像妈妈一样骑马驰骋！

马场里除了有不同品种的骏马，还有成群的牛儿、羊儿，这让我回想起去青海时看到"风吹草低见牛羊"的壮阔美景。我还遇到一只喜欢的小狗狗，我抱着它不肯放下，最后分别时我伤心地大哭起来，眼泪流个不停，就因为这样，后来爸爸给我领了一只长得很像它的小狗狗回家，就是我后来的好伙伴——拉宝。

寒露

妈妈的话

常常看到一些负面新闻，说有些孩子自私、缺乏自制力、没有责任感。感叹之余，我们是否想过，独生子女，在六对一的关爱呵护中，如何能够让孩子养成有责任、敢担当、宽广博爱的健康人格。从雪儿去敬老院这件事以及在幼儿园里积极参与团队活动、养宠物并坚持每天照顾拉宝等，都让我体会到，让孩子去做一些力所能及的事，做一些需要持续关注且付出她关爱的事，对她责任心、爱心及自制力的养成大有裨益，也能帮助孩子更加自信。

【寒露三候】

一候鸿雁来宾

鸿雁排成一字或人字形的队列大举南迁。

二候雀入大水为蛤

深秋天寒，雀鸟都不见了，古人看到海边突然出现很多蛤蜊，并且贝壳的条纹及颜色与雀鸟很相似，所以便以为是雀鸟变成的。

三候菊有黄华

此时菊花已普遍开放。

1. 吃螃蟹。俗话说"西风起,蟹脚痒。"寒露时节雌蟹卵满、黄膏丰腴,正是吃母蟹的最佳季节。但是,爸爸妈妈要注意,螃蟹虽然味美,但是不宜多吃哦!

2. 登高。寒露时节,我国北方已呈深秋景象,白云红叶,偶见早霜,南方也秋意渐浓,蝉噤荷残。农历九月初九重阳节,正是秋高气爽的好天气,最适合登高望远,舒活筋骨。这一天,人们三三两两相约去爬山,民间还有插茱萸、吃重阳糕、饮菊花酒等习俗。

3. 敬老。尊老敬老是我们中华民族的传统美德。国家将重阳节这天定为"敬老日""敬老节"或"老年节""老人节",爸爸妈妈可以带上孩子积极开展尊老敬老活动,为老年人办实事、办好事,道上一声祝福,送上一份安康,吉祥而温馨。

寒露

池 上

(唐)白居易

袅袅凉风动,凄凄寒露零。
兰衰花始白,荷破叶犹青。
独立栖沙鹤,双飞照水萤。
若为寥落境,仍值酒初醒。

月夜忆舍弟

（唐）杜　甫

戍鼓断人行，秋边一雁声。
露从今夜白，月是故乡明。
有弟皆分散，无家问死生。
寄书长不达，况乃未休兵。

九月九日忆山东兄弟

（唐）王　维

独在异乡为异客，每逢佳节倍思亲。
遥知兄弟登高处，遍插茱萸少一人。

霜降

霜降是农历二十四节气中的第十八个节气，在每年公历 10 月 23 日左右开始。霜降节气含有天气渐冷、初霜出现的意思。此时气温降至 0℃以下，空气中的水汽在地面凝结成白色晶体，称为霜。霜降是秋季的最后一个节气，也意味着冬天即将开始。

雪儿的节气生活

　　今天在幼儿园，我画了一幅画，同学看了以后觉得很奇怪，问我为什么画的草是红色的？我说我看到过红色的草啊！

　　就在前两天，我跟着摄影师朋友一起去拍摄粉黛乱子草，又能跟我喜爱的伯伯阿姨一起到大自然中玩耍，我一路上开心地唱个不停。当我们到达目的地，那一望无际的红色的粉黛草突然出现在我面前时，我仿佛来到了童话世界！

雪儿
的
自然笔记

——孩子眼中的

二十四节气

霜降

　　"妈妈，这是什么草？"我在粉色的草丛里欢呼雀跃，奔来奔去。妈妈告诉我，这是粉黛乱子草，每年9月中至11月中开花。开花时，绿叶为底，粉紫色花穗像发丝般长出，远看如红色云雾。妈妈还给我戴了个花环，我在粉色的花海中，做了一回花仙子呀！

　　我喜欢这个季节，因为除了可以去拍摄粉黛乱子草，我们还可以去秋游呢！我们在老师的带领下，来到上海野生动物园，我们在车上看到了老虎、狮子等猛兽；我们近距离看到了大象、长颈鹿、猴子；我还和我的好朋友手拉手，一起跟小动物亲密接触……我还看到可爱的小松鼠，满树林地跑呀跳呀，从这棵树跳到那棵树，它们玲珑的小面孔上，衬上一条毛茸茸的蓬松的尾巴，漂亮极了！

妈妈的话

雪儿回到家里讲了她当天在幼儿园与小朋友之间关于花的颜色的争论，听后不禁莞尔，脑海里莫名地浮现《两小儿辩日》。孩子不仅有丰富的想象力，还有质疑和辩论能力。他们就是通过这种实地观察、相互学习、书本知识等各种有形无形的渠道不断地充实他们的知识储备，不断提高他们对世界的认知。

【霜降三候】

一候豺乃祭兽

豺狼这类动物，从霜降开始要为过冬储备食物。

二候草木黄落

草木枯黄，落叶满地，整个大地一片金黄。

三候蛰虫咸俯

蛰虫全在洞中不动不食，垂下头来进入冬眠状态。

1. 补霜降。"一年补透透，不如补霜降"。霜降是进补的好时机，栗子是时令进补佳品。霜遍布在草木土石上，俗称打霜，而经过霜覆盖的蔬菜，如菠菜、冬瓜，吃起来味道特别鲜美，霜打过的水果，如葡萄就很甜。

2. 赏菊花。菊花是我国传统的十大名花之一，在我国古典文学和文化中，它和梅、兰、竹合称"花中四君子"，是高雅纯洁的象征。霜降时节正是秋菊盛开的时候，我国很多地方要举行菊花会，赏菊饮酒，以示对菊花的崇敬和爱戴。这个时节，上海的菊花尽情绽放，花团锦簇，芬芳袭人。爸爸妈妈可以带小朋友去松江醉白池公园、辰山植物园、上海植物园、共青森林公园、上海滨江森林公园观赏这傲霜怒放的秋菊哦！

3. 户外活动。秋高气爽的时节，天气不冷不热，特别适合带孩子去户外活动。爱玩本来就是孩子的天性，多带孩子户外活动，有益身心健康成长。哪怕只是去公园捡捡树叶，看看小动物，感受自然，孩子也会特别开心的。

霜降

枫桥夜泊

（唐）张　继

月落乌啼霜满天，江枫渔火对愁眠。
姑苏城外寒山寺，夜半钟声到客船。

山　行

（唐）杜　牧

远上寒山石径斜，白云生处有人家。
停车坐爱枫林晚，霜叶红于二月花。

赠刘景文

（宋）苏　轼

荷尽已无擎雨盖，菊残犹有傲霜枝。
一年好景君须记，正是橙黄橘绿时。

雪儿
的
自然笔记

立冬

立冬是农历二十四节气中的第十九个节气，在每年公历 11 月 7—8 日之间开始。立冬表示冬季自此开始，秋天里成熟的农作物已经全部收晒完毕，入库收藏。许多动物也藏起来准备冬眠，人类虽然不需要冬眠，却有在立冬这天进补的习俗，俗称"补冬"，可以增强体质，以适应冬天的气候变化。

立冬与立春、立夏、立秋合称"四立"，在古代社会中，立冬是重要的节日。

雪儿的节气生活

　　家门口有片树林，我很喜欢那里，今天我又缠着妈妈带我去那里捡树叶。我从小就喜欢各种各样的树叶，把美丽的树叶捡回家还可以做各种各样的树叶画呢！

　　树林里十分静谧，能听到各种鸟儿的鸣唱。落叶铺了厚厚的一层，我想象着自己像一匹长了翅膀的马儿，翩翩地在落叶上跳起了舞，妈妈问："踩在树叶上是什么感觉？"小宝回答："很软和的感觉，稀里哗啦的声音。"跳了一会儿，我突然想起来一件事，赶紧问妈妈："妈妈，这个树林是狼的树林吗？"妈妈很诧异地看着我："为什么是狼的树林？"我答道："书里面写的呀！"妈妈笑了："放心吧，这里没有狼，最多有黄鼠

狼！你记不记得我们前几天去共青森林公园，那么大的树林里，也没有狼啊！"我也笑了。是的，共青森林公园里有一望无垠的树林，郁郁葱葱，密密层层，仿佛要把天空都遮蔽了呢！阳光只好从层层叠叠的枝叶里穿过来，像一缕缕金色的细沙，洒落在铺满落叶的地上。林间的鸟儿在欢快地飞翔着，啾啾地鸣叫着，还有小松鼠在树干上快乐地奔跑，在树与树之间跳跃着……

立冬

妈妈的话

　　雪儿从小就喜欢落叶，会搜集很多落叶，把它们视作自己的珍宝。每次妈妈带回一些落叶，她都会雀跃地拿去，归入她的百宝箱。孩子眼里的宝贝可不一定是家长认为的那些以金钱衡量的东西。在他们眼里，那些辛苦得来的，自己或与家长一起动手做的，以及那些一时激起他们好奇心的东西都是值得收藏的宝贝。我记得曾经教过的孩子中，有一个孩子经常把一些小石子、小纸片等在旁人看来是垃圾的东西精心收藏在自己的课桌抽屉里，当时的我很不理解，但从雪儿的行为来看，这可能就是孩童成长中或多或少都存在的合理现象。我还珍藏着年幼时自己亲手刺绣的一块手帕。

雪儿
的
自然笔记

二
十
四
节
气
—
孩子眼中的

【立冬三候】

一候水始冰
此节气水已经能结成冰。
二候地始冻
土地开始冻结。
三候雉入大水为蜃
雉即指野鸡一类的大鸟，蜃为大蛤。立冬后，野鸡一类的大鸟便不多见了，而海边却可以看到外壳与野鸡的线条及颜色相似的大蛤。

1. 补冬。自古以来，我国就有在立冬这天进补的习俗，俗称"补冬"，据说可以增强体质，来适应冬天的气候变化。在北方，立冬有吃水饺的风俗，而在我国南方，人们爱吃些鸡鸭鱼肉。

2. 冬泳。冬泳无论在北方还是南方，都是冬季人们喜爱的一种锻炼身体的方法。而爸爸妈妈陪伴孩子冬泳，则可以磨砺孩子的意志，在活动中增进亲子情感。

3. 采摘蔬菜。这个时节正是秋收冬种的大好时机，也是很多蔬菜的收获期，爸爸妈妈利用周末与孩子走进农庄，亲近大自然，感受农耕文化，体验采摘乐趣，让亲情在这里得到释放，全家一起合作，体验劳动的快乐。

立　　冬

（唐）李　白

冻笔新诗懒写，寒炉美酒时温。
醉看墨花月白，恍疑雪满前村。

立冬夜舟中作

（宋）范成大

人逐年华老，寒随雨意增。
山头望樵火，水底见渔灯。
浪影生千叠，沙痕没几棱。
峨眉欲还观，须待到晨兴。

立 冬 日 作

（宋）陆　游

室小财容膝，墙低仅及肩。
方过授衣月，又遇始裘天。
寸积篝炉炭，铢称布被绵。
平生师陋巷，随处一欣然。

雪儿
的
自然笔记

二十四节气

——孩子眼中的

小雪

　　小雪是二十四节气中的第二十个节气，在每年公历 11 月 22 日或 23 日开始。由于天气寒冷，降水形式由雨变为雪，但还没有到大雪纷飞的时节，所以叫小雪。

　　小雪时节，受到强冷空气的影响，我国北方大部分地区的气温逐步降到 0℃ 以下。此时空气干燥，降雪非常宝贵。虽然雪量有限，但还是提示人们到了防寒保暖的时候了。

雪儿的节气生活

"雪儿，你在画什么？"妈妈看到我认真地趴在桌子上画画，好奇地问。"我在画昨天去的古镇啊！我很喜欢那里的桥、小船还有酒家……"我开心地继续画。

昨天，我们一家跟大伯伯、陈伯伯、邓叔叔等好朋友，一起去古镇摄影采风。我第一次来到这样的古镇，我没有想到在上海也有这样的小桥

雪儿
的
自然笔记

孩子眼中的

二十四节气

流水人家，跟我平时看到的高楼大厦车水马龙完全不同。

虽然已经是小雪节气了，但是古镇的初冬之景也很美丽。一条小河蜿蜒曲折，贯穿古镇东西，犹如一条玉带，古桥掩映在垂柳之间。街道两旁的民居重脊高檐，过街楼、河埠头、长廊、幽弄和深宅使古镇呈现古朴、恬和、幽静的风貌。

沿河老街完全是原汁原味的水乡古镇日常生活，小镇上商铺也不是很多，没有熙熙攘攘的人群，傍晚还能听到屋里那袅袅的苏州评弹，很是惬意。只是晚上感觉比市区里冷，我们去吃了当地有名的羊肉面，我吃得可开心啦！稀里哗啦一碗面下去，一点都不冷啦！晚上不到八点钟，整个古镇就安静了下来，不像市区里灯火通明，只有沿河的一串红灯笼，点缀在黑夜中。夜晚的古镇感觉如此宁静安详，天上的星星特别明亮，冲着我眨眼睛，不像在市区里看到的雾蒙蒙的夜空，星星都跟我捉迷藏呢。我兴奋地唱起歌来："一闪一闪亮晶晶，满天都是小星星，挂在天上放光明，好像许多小眼睛……"

妈妈的话

　　我们更多的是带孩子去看自然风景，人文景点去得较少，怕孩子不喜欢，也想等其大一点后再去。这次古镇之旅，让我感觉到，孩子对人文景点一样充满了兴趣，在整个过程中，她一直很专注地欣赏古建筑，观察老街上人们的生活。回来的路上，一直不停地问着、评价着古镇与城市在她眼里的不同。看来，我们还是再次陷入了成人对孩子的习惯性评估中，低估了孩子对事物的接受能力。

【小雪三候】

一候虹藏不见

　　由于不再有雨，彩虹便不会出现了。

二候天气上升地气下降

　　天空中的阳气上升，地中的阴气下降，导致天地不通、阴阳不交。

三候闭塞成冬

万物失去生机，天地闭塞而转入严寒的冬天。

雪儿的自然笔记

二十四节气 ——孩子眼中的

1. 腌腊肉。小雪节气，民间有"冬腊风腌，蓄以御冬"的习俗。小雪后气温急剧下降，天气变得干燥，是加工腊肉的好时候。可以动手做香肠、腊肉，等到春节时正好享受美食。

2. 防寒保暖。果农要为果树做好防冻准备。果农会给光秃秃的果树绑上草绳，以防果树受冻。杨树、柳树的下边被刷上一米来高的石灰水，这有两方面的作用：第一，可以杀死寄生在树干上准备越冬的真菌、细菌和害虫；第二，白天有阳光照射，棕褐色的树干吸收热量多，到了晚上温度降得很快，这样一冷一热，巨大的温差会使树干容易冻伤。而刷了石灰水后，由于石灰是白色的，树干会将很多的阳光反射掉，从而减少白天和夜间经受的温差，树干就不容易裂开。

3. 增强体质。天气寒冷，日照短少的冬季确实会使人的情绪处于低落状态，我们要保持乐观心态，保持精神愉悦，爸爸妈妈可以经常带孩子参加一些户外活动以增强体质，多晒太阳，多听音乐。

小雪

次韵和王道损风雨戏寄

（宋）梅尧臣

小雪才过大雪前，萧萧风雨纸窗穿。
而今共唱新词饮，切莫相邀薄暮天。

小　雪

（唐）戴叔伦

花雪随风不厌看，更多还肯失林峦。
愁人正在书窗下，一片飞来一片寒。

咏廿四气诗·小雪十月中

（唐）元　稹

莫怪虹无影，如今小雪时。
阴阳依上下，寒暑喜分离。
满月光天汉，长风响树枝。
横琴对渌醑，犹自敛愁眉。

雪儿
的
自然笔记

二
十
四
节
气

——孩子眼中的

大雪

　　大雪是农历二十四节气中的第二十一个节气，在每年公历12月7日或8日开始。大雪前后，我国黄河流域一带渐有积雪；北方，已是"千里冰封，万里雪飘"的严冬。而上海的大雪几乎见不到雪，见到更多的是"霜叶红于二月花"的美丽景色。

　　人们常说，"瑞雪兆丰年"。严冬积雪覆盖大地，可保持地面及作物周围的温度，不会因寒流侵袭而降得很低，为冬作物创造了良好的越冬环境。

雪儿的节气生活

　　这个时节的上海，五彩缤纷分外美丽，霜叶红了，映红了天空；银杏叶金灿灿的，铺满了草地；梧桐叶几乎变成了彩色，叶子上红色黄色绿色褐色相间，每片叶子都像一幅美丽的图画……

　　妈妈说我从小就喜欢捡树叶，每年的这个季节可是我最快乐的时候啦！去公园捡落叶就是我的最最要紧的"工作"。今年妈妈带我去瑞金宾馆，这里有很美丽的大花园呢！银杏叶铺满了整个草坪，我捧起树叶撒向天空，天空中就下起了金灿灿的"银杏雨"。妈妈还教了我一首词："碧

云天，黄叶地，秋色连波，波上寒烟翠。山映斜阳天接水，芳草无情，更在斜阳外……" 词中描绘的意境跟我今天所见之景很契合呢。

枫叶红透了，妈妈说，被霜打过的枫叶才会更加红。我想，这就是"霜叶红于二月花"的意思吧。对了，说起红叶，我们还去了"秋霞圃"，那里有亭台楼榭，还有假山瀑布，红叶成了最美丽的背景，红彤彤地映满了整个天空。

虽然大雪节气没有看到下雪，但是看到上海如此缤纷美丽的景色，不也是令人赏心悦目的吗？

大雪

妈妈的话

腹有诗书气自华。很多人对雪儿这么小就参加"诗书中华"节目抱有赞赏、疑惑等各种不同的态度，其实这是雪儿与"诗书中华"的邂逅。可能是做老师的缘故，在她小时候，我是用诗词来作为她的催眠曲的，也喜欢在不同的环境中为她咏读古诗词，一来二去，她居然喜欢上了诗词。现在的她，常常会因不同的场景而很契合地咏诵出她所熟悉的古诗词，而且通过古诗词的背诵学习，她还认识了很多字及含义，也变得更爱看书画画。我们坚信，这些方面虽然不能让她在应试教育方面更胜一筹，但对培养她的气质及文化底蕴，总是有帮助的。

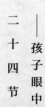

雪儿的自然笔记

二十四节气——孩子眼中的

小知识

【大雪三候】

一候鹖鴠不鸣

此时因天气寒冷，寒号鸟也不再鸣叫了。

二候虎始交

此时是阴气最盛时期，所谓盛极而衰，阳气已有所萌动，老虎开始有求偶行为。

三候荔挺出

"荔挺"为兰草的一种，感到阳气的萌动而抽出新芽。

1. 看枫叶。大雪节气，上海不仅没有雪，而且还很暖和。枫树绿色的树叶已经从黄色变成红色。走进枫树林，人们可以踏着落下的枫叶，抬头欣赏那红黄相间的枫叶。微风吹过，枫树上又会落下一片片叶子，被漫天的枫叶包围着的感觉非常美妙。

2. 赏银杏。上海的银杏叶片变成柠檬黄色，在阳光的映照下，一片金黄，把整个城市装扮得格外绚丽。爸爸妈妈可以跟孩子一起走进世纪公园、古银杏树公园，观赏这宛如童话的美景。

3. 吃红薯。红薯营养价值和养生保健作用很大，在寒冷的季节，吃个热腾腾的红薯，是件很快乐的事呢！

大雪

大　雪

（宋）陆　游

大雪江南见未曾，今年方始是严凝。
巧穿帘罅如相觅，重压林梢欲不胜。
毡幄掷卢忘夜睡，金羁立马怯晨兴。
此生自笑功名晚，空想黄河彻底冰。

晚望二首（其一）

（宋）杨万里

月是小春春未生，节名大雪雪何曾。
夕阳不管西山暗，只照东山八九棱。

喜从弟雪中远至有作

（唐）杜荀鹤

深山大雪懒开门，门径行踪自尔新。
无酒御寒虽寡况，有书供读且资身。
便均情爱同诸弟，莫更生疏似外人。
昼短夜长须强学，学成贫亦胜他贫。

雪儿的自然笔记

二十四节气
——孩子眼中的

126

冬至

　　冬至又名"一阳生"，是农历二十四节气中的第二十二个节气，在每年的公历 12 月 21 日至 23 日之间开始。冬至俗称"冬节""长至节""亚岁"等，既是中国农历中一个重要的节气，也是中华民族的一个传统节日。冬至这一天，阳光几乎直射南回归线，我们北半球白天最短，黑夜最长，开始进入数九寒天。天文学上规定这一天是北半球冬季的开始。而冬至以后，阳光直射位置逐渐向北移动，北半球的白天就会逐渐变长，因此古人认为冬至代表下一个循环开始，是大吉之日。

雪儿的节气生活

　　"妈妈，我们今天去哪里吃饭？"我躺在床上问妈妈。妈妈亲亲我的额头，笑着说："你这个小馋猫，眼睛刚睁开就想到吃！我们今天不出去吃饭，今天是冬至，我们要在家里吃团圆饭。""为什么冬至要吃团圆饭？"我不解地问。妈妈说："上海的冬至节是一个十分重要的民俗节日，在风俗上有'冬至大如年'的说法。旧时上海，有诗云：'家家捣米做汤圆，知是明朝冬至天。'""那团圆饭吃什么呢？"这可是我最关心的问题呀！妈妈笑着点点我的头，说："小馋猫！上海人在冬至这一天是习惯吃汤圆的，'圆'意味着'团圆''圆满'。好啦！赶紧起床啦，我们今天去武康路看落叶去，晚上回家吃汤圆咯！"

　　武康路的梧桐叶落满地是最美丽啦！梧桐是上海最常见的一种树，秋冬季节，落叶飘满地，色彩缤纷，美丽极了。上海还有 29 条落叶景观

道路呢，从 11 月中下旬起，这些落叶景观道路中的大部分都进入最佳观赏期。

坐落在武康路上的武康大楼，也是上海的代表建筑，我跟着妈妈在武康路、湖南路散步，梧桐叶堆积在路面上，走在上面，簌簌作响，真的是最美妙的声音啊！

冬至

妈妈的话

　　传统节日对孩子来说，更多的是美食，更多的是团圆。在节日里，忙碌的家长能够在身边陪伴着，并安排各种活动与美食，那些平日的约束没有了。于是，孩童们欢愉起来。孩子的快乐真的很单纯，就是父母的陪伴，天性的放飞。

【冬至三候】

一候蚯蚓结

传说蚯蚓是阴曲阳伸的生物，此时阳气虽已生长，但阴气仍然十分强盛，土中的蚯蚓仍然蜷缩着身体。

二候麋角解

麋与鹿同科，却阴阳不同，古人认为麋的角朝后生，所以为阴，而冬至一阳生，麋感阴气渐退而解角。

三候水泉动

由于阳气初生，所以此时山中的泉水可以流动并且温热。

1. 吃汤圆。"天时人事日相催，冬至阳生春又来"，时光匆匆，冬至不吃，更待何时？北方地区有冬至宰羊，吃饺子、吃馄饨的习俗，南方地区在这一天则有吃冬至米团、冬至长线面的习惯。而上海则是习惯在这一天吃汤圆。爸爸妈妈可以跟孩子一起做汤圆，吃汤圆，其乐融融。

2. 泡温泉。冬天泡温泉是非常享受的一件事。泡温泉不仅可以驱寒保暖，还能放松身体、促进血液循环等。全家来一场说泡就泡的温泉旅行，幸福无比。

3. 祭拜祖先。冬至日祭祀祖先是全国各地普遍的习俗，又称冬祭，仪式非常隆重。

冬至

邯郸冬至夜思家

（唐）白居易

邯郸驿里逢冬至，抱膝灯前影伴身。

想得家中夜深坐，还应说着远行人。

小　至

（唐）杜　甫

天时人事日相催，冬至阳生春又来。
刺绣五纹添弱线，吹葭六琯动浮灰。
岸容待腊将舒柳，山意冲寒欲放梅。
云物不殊乡国异，教儿且覆掌中杯。

冬　至

（宋）陆　游

岁月难禁节物催，天涯回首意悲哀。
十年人向三巴老，一夜阳从九地来。
上马出门愁钺版，还家留客强传杯。
探春漫道江梅早，盘里酥花也斗开。

雪儿
的
自然笔记

小寒

　　小寒是二十四节气中的第二十三个节气，在每年公历1月5日至7日之间开始。此时，天气寒冷，但还未到达极点，所以称为小寒。我国大部分地区小寒和大寒期间一般都是最冷的时期，"小寒"一过，就进入"出门冰上走"的三九天了。

雪儿的节气生活

　　"小孩儿，小孩儿，你别馋，过了腊八就是年；腊八粥，喝几天，哩哩啦啦二十三……"我今天听班级里的一个同学一直在哼着这样的几句话，心里就很纳闷：这是什么意思？所以等妈妈一到家，我就飞奔过去，问："妈妈，什么叫'过了腊八就是年'？"妈妈笑了："你这个小馋猫，盼着过年啦？"妈妈坐下来抱着我，开始跟我讲腊八节的由来：每年农历的十二月俗称腊月，十二月初八就是腊八节，习惯上称为腊八；腊八节在我国有着悠久的传统和历史，在这一天做腊八粥、喝腊八粥是全国各地老百姓最传统也是最讲究的习俗。这天我国大多数地区都有吃腊八粥的习俗。在农村过年，过的不是三两天。如童谣里唱的，过了腊八就是年，一直到正月初几拜完年，才算过完。差不多整整有一个月。而一进腊月门儿，便有年的滋味儿。于是，就有了"小孩，小孩你别哭，过了腊八就

雪儿
的
自然笔记

——孩子眼中的
二十四节气

杀猪；小孩，小孩你别馋，过了腊八就是年。"的顺口溜。妈妈又说："你说起腊八节，蜡梅花该开了，我们明天去古猗园看蜡梅吧！"

第二天到了古猗园，蜡梅花果然已经芳香满园，沁人心脾。赏完梅花，我又有了新主意，说："妈妈，我好久没去骑马了！我想念马场的马儿，羊儿和小狗狗了……"妈妈爽快地答应了，我一蹦三尺高，太开心啦！又可以见到我的好朋友啦！并且妈妈又给我一个小惊喜——这次去马场，不仅能骑马，还能去采草莓呢！

妈妈的话

　　以前物资匮乏，大家平时都很难吃到好的东西，肉，对大多数人家而言是稀罕物。但是到了年节，不论多么困难，每家每户总是会准备一些平时难得一见的美食让全家享用。于是在长辈乃至我们这代人眼里，年节就是美食、新衣，就是一年里最快乐的时光。而现今的大部分孩子可以说啥都不缺，衣食无忧，但骨子里对年节的期盼依旧不减，他们是否更多在期盼着年节时分，全家团圆的热闹、家长全天的陪伴、没有功课学业等诸多的羁绊呢？

小知识

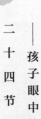

【小寒三候】

一候雁北乡

候鸟中大雁是顺阴阳而迁移，此时阳气已动，所以大雁开始向北迁移。

二候鹊始巢

此时北方到处可见到喜鹊，并且感受到阳气而开始筑巢。

三候雉始鸲

"雉鸲"的"鸲"为鸣叫的意思，雉在接近四九时会感受阳气的生长而鸣叫。

1. 喝腊八粥。小寒时节有个重要的节日——腊八节。腊八节因腊日而来，是农历腊月中最重大的节日，日期为腊月初八，古代称为腊日，俗称腊八节。腊月初八这一天，家家户户喝腊八粥，有些地方还有腌"腊八蒜"的习俗。关于腊八节的来历有很多传说。据说这天是释迦牟尼成佛的日子，也有人说这天是为了纪念南宋名将岳飞，还有人说是跟明朝的开国皇帝朱元璋有关。

2. 赏蜡梅。上海有很多赏蜡梅的地方，像世纪公园、方塔园，爸爸妈妈可以带上孩子一同去赏梅。

3. 爬山。爬山是冬天很好的户外运动之一。可以开展家庭爬山活动，强健体魄，增进亲情。

小寒

窦园醉中前后五绝句

（宋）陈与义

东风吹雨小寒生，杨柳飞花乱晚晴。
客子从今无可恨，窦家园里有莺声。

咏廿四气诗·小寒十二月节

（唐）元 稹

小寒连大吕，欢鹊垒新巢。
拾食寻河曲，衔紫绕树梢。
霜鹰近北首，雊雉隐丛茅。
莫怪严凝切，春冬正月交。

小园独酌

（宋）陆 游

横林摇落微弄丹，深院萧条作小寒。
秋气已高殊可喜，老怀多感自无欢。
鹿初离母斑犹浅，橘乍经霜味尚酸。
小酌一卮幽兴足，岂须落佩与颓冠？

雪儿
的
自然笔记

二十四节气

——孩子眼中的

大寒

　　大寒是全年二十四节气中的最后一个节气。在每年公历 1 月 20 日前后开始。这时寒潮南下频繁，是中国部分地区一年中的最冷时期，风大，低温，地面积雪不化，呈现出冰天雪地、天寒地冻的严寒景象。

　　在大寒至立春这段时间，有很多重要的民俗和节庆。此时天气虽然寒冷，但已近春天，所以不会像大雪到冬至期间那样酷寒。

　　有句谚语："大寒岁底庆团圆。"中国人最热闹的春节已经悄然临近了。

雪儿的节气生活

"宝贝快起来！下雪啦！"迷迷糊糊中，妈妈叫我起床，我揉揉眼睛，不解地问妈妈："哪里有雪？"妈妈激动地说："快去阳台上看看！好大的雪啊！你今天可以跟爸爸堆雪人啦！"真的？！我一骨碌爬起来，来不及换衣服，穿着睡衣就跑去阳台，打开门一看——哇！一片白茫茫的冰雪世界啊！像《冰雪奇缘》里面的童话世界！妈妈一直跟我说，要下雪了，要下雪了，我都等了好多天，等得心急啊！今天竟然真的下雪了呀！妈妈说："宝贝，还记得你以前读的那句诗吗？'忽如一夜春风来，千树万树梨花开'，你看，现在大雪把房屋和树枝全包裹住了，是不是像'千树万树梨花开'啊？"我放眼四顾，真的呢，每一棵大树的枝丫

上都覆盖着雪，像雪白的梨花盛开。以前我还以为'忽如一夜春风来，千树万树梨花开'是写春天的梨花盛开呢，现在终于明白是写冬天的雪景啊！

　　对了，今天可以跟爸爸去堆一个大大的雪人啦！赶紧去穿好衣服，洗脸刷牙吃早饭，堆雪人去啦！

妈妈的话

　　大家经常在探讨孩子教育中会碰到的一个问题就是：我已经给了孩子那么多的资金投入，孩子就是不好好学。这里我要提出的是，陪伴，尤其是在早教期，父母的陪伴比其他投入更重要。当下的父母往往把孩子丢给老人，或者全托，对于孩子不要说耐心，连基本的陪伴都难以做到，这对于孩子健康性格养成可以说百害而无一利。这在我《老师的一半是妈妈——我家那个爱诗的小孩》一书中有阐述。陪伴，和孩子一起成长，作为父母的你，能够做到吗？

【大寒三候】

一候鸡乳

就是说到大寒节气便可以孵小鸡了。

二候征鸟厉疾

鹰隼之类的征鸟，正处于捕食能力极强的状态中，盘旋于空中到处寻找食物，以补充身体的能量抵御严寒。

三候水泽腹坚

在一年的最后五天内，水域中的冰一直冻到水中央，而且最结实、最厚，孩童可以尽情在河上溜冰。

1. 扫尘，买年货。大寒节气，时常与岁末时间相重合。因此，这样的节气中，除顺应节气干农活外，还要为过年奔波——赶年集、买年货，写春联，准备各种祭祀供品，扫尘洁物，除旧布新，准备年货。同时祭祀祖先及各种神灵，祈求来年风调雨顺。

2. 祭灶。祭灶节，在我国民俗中历史悠久，是中华民族的传统节日，又为小年、谢节、灶王节。祭灶的传统在中国民间信仰中俗称为"送神"。在小年（农历腊月二十三）这天晚上要放鞭炮。所以，腊月二十三也被视为过年的开端。

3. 赏雪景。由于上海的地理位置，降雪在这座城市中并不是冬日必备的景致，但是一旦下了雪，整个上海滩就变成了童话世界。虽然不像北方那样银装素裹，但是下了雪的上海，却美得别有风情，温暖明媚。所以，如果遇到上海的雪，可千万别辜负了这美景，爸爸妈妈一定要带上孩子去赏玩一番哦！

大寒

白雪歌送武判官归京

（唐）岑 参

北风卷地白草折，胡天八月即飞雪。

忽如一夜春风来，千树万树梨花开。

散入珠帘湿罗幕，狐裘不暖锦衾薄。

将军角弓不得控，都护铁衣冷难着。

瀚海阑干百丈冰，愁云惨淡万里凝。

中军置酒饮归客，胡琴琵琶与羌笛。

纷纷暮雪下辕门，风掣红旗冻不翻。

轮台东门送君去，去时雪满天山路。

山回路转不见君，雪上空留马行处。

大 寒 吟

（宋）邵 雍

旧雪未及消，新雪又拥户。

阶前冻银床，檐头冰钟乳。

清日无光辉，烈风正号怒。

人口各有舌，言语不能吐。

元 沙 院

（宋代）曾 巩

升山南下一峰高，上尽层轩未厌劳。

际海烟云常惨淡，大寒松竹更萧骚。

经台日永销香篆，谈席风生落麈毛。

我亦有心从自得，琉璃瓶水照秋毫。

雪儿
的
自然笔记

二十四节气

——孩子眼中的

著名语文教育家于漪奶奶对雪儿的理解和关心，她最懂雪儿的画，最懂孩子的心。

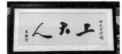

台湾著名作家张大春伯伯所赠的书法和书。

东方卫视首席记者、主持人骆新叔叔对雪儿的关心和鼓励。

《中国诗词大会》命题专家、《诗书中华》学术总顾问方笑一叔叔对于雪儿的支持和鼓励。

著名文化学者钱文忠伯伯对雪儿学古诗学古文的鼓励。

图书在版编目(CIP)数据

雪儿的自然笔记:孩子眼中的二十四节气 / 黄雪润,王荣编
著. 一上海:上海教育出版社,2018.5
("绿色之旅"丛书)
ISBN 978-7-5444-8289-9

Ⅰ.①雪... Ⅱ.①黄...②王... Ⅲ.①二十四节气—青少年读
物 Ⅳ.①P462-49

中国版本图书馆CIP数据核字(2018)第101245号

策　　划　徐建飞工作室
指　　导　汪耀华　关四彤
责任编辑　徐建飞　严　岷　宁彦锋
　　　　　黄　伟　王俊芳
特约编辑　卓月琴　娄卫东
营　　销　陈海亮　杨　虹　朱丽君
整体设计　陆　弦

"绿色之旅"丛书

雪儿的自然笔记
——孩子眼中的二十四节气

黄雪润　王　荣　编著

出版发行　上海教育出版社有限公司
官　　网　www.seph.com.cn
地　　址　上海市永福路 123 号
邮　　编　200031
印　　刷　上海中华商务联合印刷有限公司
开　　本　700×1000　1/16　印张10　插页2
字　　数　130 千字
版　　次　2018 年 6 月第 1 版
印　　次　2018 年 6 月第 1 次印刷
书　　号　ISBN 978-7-5444-8289-9/G·6836
定　　价　58.00 元

如发现质量问题,请向本社调换　电话 021-64377165